四川省产教融合示范项目系列教材

数控车削工艺与技能

主　编 ◎ 于庭和
副主编 ◎ 董海英
参　编 ◎ 饶　伟　汪　攀
主　审 ◎ 游洪建

西南交通大学出版社
·成　都·

图书在版编目（CIP）数据

数控车削工艺与技能 / 于庭和主编. --成都：西南交通大学出版社，2024.1
四川省产教融合示范项目系列教材
ISBN 978-7-5643-9705-0

Ⅰ. ①数… Ⅱ. ①于… Ⅲ. ①数控机床－车床－车削－教材 Ⅳ. ①TG519.1

中国国家版本馆 CIP 数据核字（2023）第 254860 号

四川省产教融合示范项目系列教材
Shukong Chexiao Gongyi yu Jineng
数控车削工艺与技能

主编 于庭和
责任编辑 / 李 伟
封面设计 / 吴 兵

西南交通大学出版社出版发行
（四川省成都市金牛区二环路北一段 111 号西南交通大学创新大厦 21 楼 610031）
营销部电话：028-87600564 028-87600533
网址：http://www.xnjdcbs.com
印刷：四川森林印务有限责任公司

成品尺寸 185 mm×260 mm
印张 13.75 字数 342 千
版次 2024 年 1 月第 1 版 印次 2024 年 1 月第 1 次

书号 ISBN 978-7-5643-9705-0
定价 42.00 元

课件咨询电话：028-81435775

前　言

“数控车削工艺与技能”是数控技术专业一门重要的专业实践必修课程，主要针对数控车床程序编程及工艺规程制定、数控车床对刀调试、简单轴类零件加工、螺纹数控加工、复杂轴类零件综合加工等相应技能学习，使学生了解数控车床加工中工、夹、刀、量具的使用方法，掌握数控车床对刀、工件坐标系的建立、刀具补偿、零件粗精加工等基本技能，并能熟练操作数控车床。

本书每个项目的学习目标都是围绕该项目的理论知识与专业技能操作能力训练展开，能有效、深入、规范推进学院一体化课程教学改革，指导教师、学生进行一体化教学，突出学习路径、思维、步骤、手段、重点、形式等教学手段，图片直观形象，表格分类清晰，文字简明扼要，化繁为简，化难为易，由行业专家、优秀教师、在校优秀学生共同参与开发，既体现课程开发工作的场景，又将技术开发路径形象化。结合我国职业教育和技工教育现状，本书还进行了本土化的吸收和改造，以培养学生的职业技能兴趣，引导学生自学；同时，提出将世界技能大赛的技术标准结合中国实际，引入一体化课程发展相关要素中的要求。

一体化课程教学改革是一个长期的过程，本书只是现阶段的成果呈现。随着一体化课程改革不断深入，还会出现新的问题或需求，希望我们一起不断发现问题，不断改进完善。

本书由于庭和任主编（编写第一、二、三章），董海英任副主编（编写第四、五、六章），参加编写工作的还有饶伟（编写第七章）、汪攀（编写第八章），国家级技能大师工作室领办人游洪建技能大师任主审。在本书编写过程中，编者邀请到多位企业专家和高校专家进行研讨，并征求专家意见，四川九洲技师学院领导和齐春林技能大师工作室、蒲雄技能大师工作室、闵铎技能大师工作室、绵阳职业技术学院的专家等对本书的编写给予了大力支持。本书凝聚了编写人员、审定人员以及所有参与单位和相关人员的智慧与心血，在此一并表示感谢。

由于编者水平有限，书中疏漏和不足之处在所难免，敬请广大读者批评指正。

本书数字资源

编　者

2023 年 6 月

目 录

项目一 专业理论基础知识

【知识目标】

（1）机械制图、公差配合与技术测量、金属材料与热处理相关知识；
（2）机械加工常用计算知识；
（3）切削加工工艺规程；
（4）金属材料与热处理相关知识。

【技能目标】

（1）数控车床面板的操作使用；
（2）工件坐标系的建立；
（3）简单数控程序的编制。

【素养目标】

（1）具有事业心和责任感，爱岗敬业，乐于奉献；
（2）具有安全、文明生产及环境保护意识。

模块一　机械制图与识图

一、图纸幅面、格式与标题栏

1. 图纸的幅面和格式（GB/T 14689—2008）

图纸是表达工程图样最重要的载体之一，在选择图纸幅面时，应参照国家标准来执行，如表 1-1 所示。需要说明的是，表中幅面尺寸所用的单位为毫米（mm），这也是工程实际中及本书所使用的默认单位，即当尺寸数字单位符号没有明确标出时，即为 mm，当需要使用其他单位时，需明确标出单位符号。

表 1-1　图纸幅面和格式

幅面代号		A0	A1	A2	A3	A4
幅面尺寸	$B\times L$	841×1 189	594×841	420×594	297×420	210×297
周边尺寸	a	25				
	c	10			5	
	e	20		10		

表 1-1 中各参数的含义如图 1-1 和图 1-2 所示。其中，图 1-1 是不留装订边的图纸幅面，图 1-2 是留有装订边的图纸幅面。在保持图纸幅面的情况下，可根据图样实际情况选择横置与竖置两种方式。

从图 1-1 和图 1-2 中可以看出，外边框表示图纸边界，用细实线表示，其大小为幅面尺寸；内边框用粗实线表示，根据留装订边与否及图纸幅面大小的不同，其与外边框的四边偏移量有所区别；图纸右下角为标题栏。

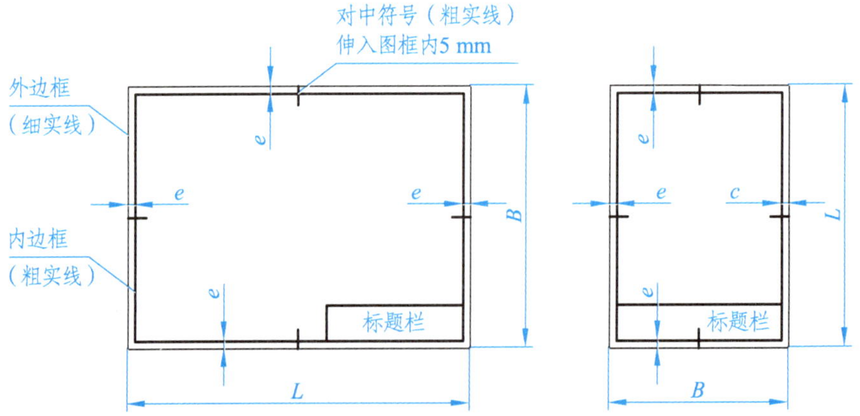

图 1-1　图纸幅面（不留装订边）

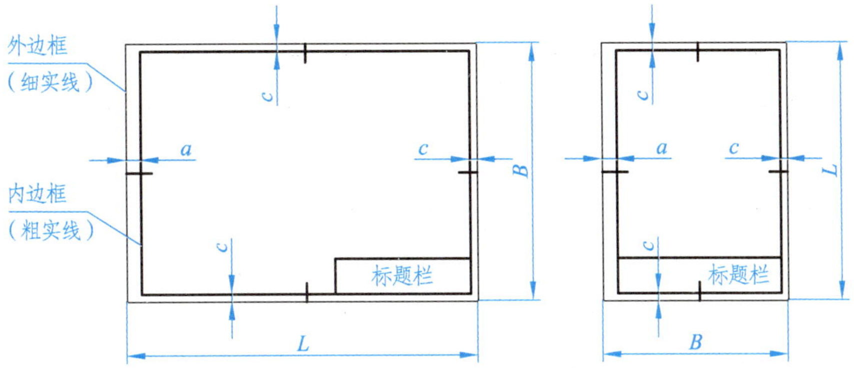

图 1-2　图纸幅面（留装订边）

2. 标题栏（GB/T 10609.1—2008）

每张图纸的右下角须有标题栏，用以表达图样名称、图样代号、材料标记等详细信息。标题栏的格式、尺寸与内容如图 1-3 所示。

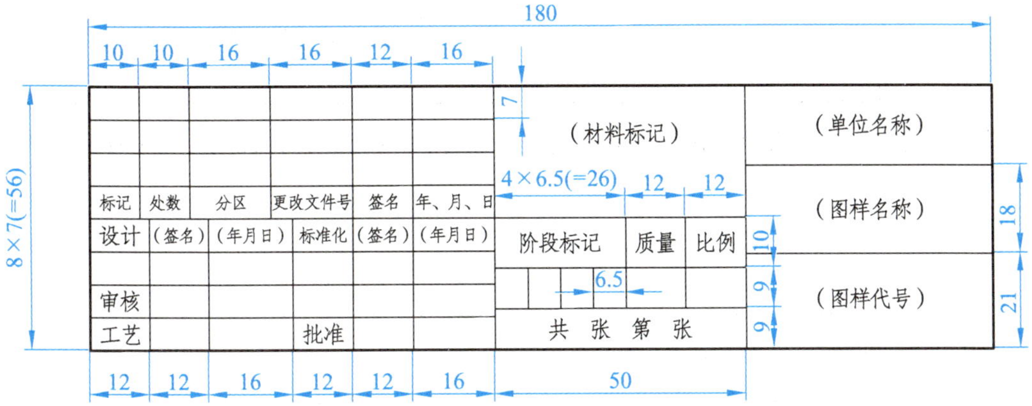

图 1-3　标题栏

国家标准规定的标题栏的填写内容及要求如表 1-2 所示。

表 1-2　标题栏的填写内容及要求

区　域	栏　目	填写要求
更改区	标记	按要求或有关规定填写更改标记
	处数	同一标记所表示的更改数量
	分区	必要时，按照有关规定填写
	更改文件号	填写更改所依据的文件号
	签名	填写更改人的姓名
	年、月、日	填写更改的时间
签字区	设计	设计人员签名、时间
	审核	审核人员签名、时间
	工艺	工艺人员签名、时间

续表

区　域	栏　目	填写要求
签字区	标准化	标准化人员签名、时间
	批准	负责人员签名、时间
名称及代号区	单位名称	绘制图样单位的名称或代号
	图样名称	所绘制图样的名称
	图样代号	按有关标准或规定填写图样的代号
其他区	材料标记	按相应标准或规定填写图样所表达实体的材料
	阶段标记	按有关规定从左到右填写图样各生产阶段
	质量	填写图样所表达实体的计算质量，缺省单位为千克（kg）
	比例	填写绘制图样时所采用的比例
	共　张　第　张	填写同一表达对象所绘图样的总张数及该张图样所在的张数
	投影符号	第一角画法或第三角画法的投影识别符号，采用第一角画法时，可省略

学生制图作业建议采用简化格式的标题栏，如图 1-4 所示。此种标题栏不能使用于正式图样上。

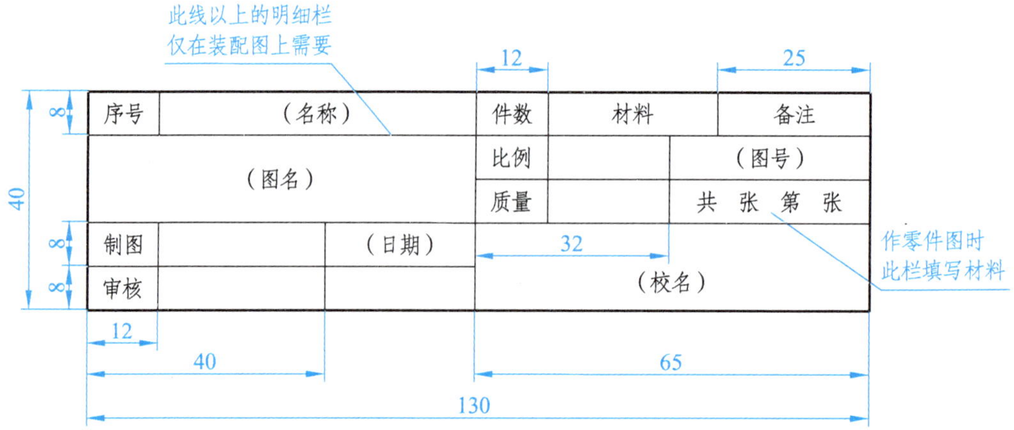

图 1-4　简化格式的标题栏

二、比例（GB/T 14690—93）

在一定图纸幅面上表达实际工件时，往往要对实际图样进行相应的缩放，这就涉及比例的问题。图样的比例即是图样与其实物相应要素的线性尺寸之比。比例有三种类型，分别为：

（1）原值比例——比值为 1 的比例，即 1∶1，如图 1-5（a）所示。

（2）缩小比例——比值小于 1 的比例，如 1∶2，如图 1-5（b）所示。

（3）放大比例——比值大于 1 的比例，如 2∶1，如图 1-5（c）所示。

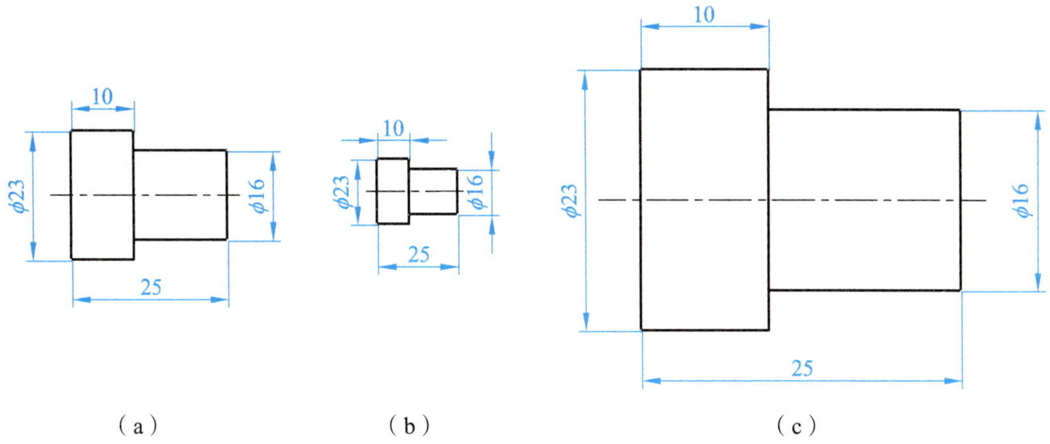

图 1-5 图样比例示意图

比例值不是任意选取的，一般应从国家标准规定的数值中选用适当的比例，具体如表 1-3 所示。

表 1-3 比例值取值

比例类型	比例值	
原值比例	1∶1	
放大比例	优先使用	2∶1　5∶1　1×10^n∶1　2×10^n∶1　5×10^n∶1
	允许使用	2.5∶1　4∶1　2.5×10^n∶1　4×10^n∶1
缩小比例	优先使用	1∶2　1∶5　1∶10　1∶2×10^n　1∶5×10^n　1∶1×10^n
	允许使用	1∶1.5　1∶2.5　1∶3　1∶4　1∶6　1∶1.5×10^n 1∶2.5×10^n　1∶3×10^n　1∶4×10^n　1∶6×10^n

注：n 为正整数。

比例一般标注在标题栏中，必要时，可在视图名称的下方或右侧标注比例，如 $\dfrac{\text{I}}{2:1}$、$\dfrac{A}{1:100}$、$\dfrac{B—B}{2.5:1}$、平面图 1∶100 等。

三、字体（GB/T 14691—93）

图样上不仅要表达形体的图形，还需要用文字和数字来填写标题栏信息、尺寸标注及书写技术要求等，这些文字与数字在不同场合必须遵循特定的规范，为此国家标准对制图中的字体也作出了相应的要求。

字体的一般要求有以下几点：

（1）总体要求为“字体工整、笔画清楚、间隔均匀、排列整齐”。

（2）汉字应书写成长仿宋字体，并采用中华人民共和国国务院正式公布推行的《汉字简化方案》中规定的简化字。汉字的高度 h 不应小于 3.5 mm，其字宽一般为 $h/\sqrt{2}$。

（3）字体高度 h 的公称尺寸系列为 1.8 mm、2.5 mm、3.5 mm、5 mm、7 mm、10 mm、14 mm、20 mm。如需书写更大的字体，字体的高度应按 $\sqrt{2}$ 的比率递增。字体的号数指字体的高度。

（4）字母和数字分为 A 型和 B 型。A 型字体的笔画宽度 d 为字体高度 h 的 1/14；B 型字体的笔画宽度 d 为字体高度 h 的 1/10。同一图样上，只允许选用一种形式的字体。

（5）斜体字字头向右倾斜，与水平基准线呈 75°。

（6）用作指数、分数、极限偏差等的数字与字母，一般应采用小一号的字体。

四、图　线

1. 基本线型

基本线型如表 1-4 所示。其具体应用如图 1-6 所示。

表 1-4　基本线型

名　称	线　型	线宽	主要用途
粗实线		粗	可见轮廓线、可见棱边线、可见相贯线等
细实线		细	尺寸线、尺寸界线、剖面线、引出线、重合断面的轮廓、过滤线等
细点画线		细	轴线、孔系分布的中心线、对称中心线、分度圆（线）等
细虚线		细	不可见轮廓线、不可见棱边线
双折线	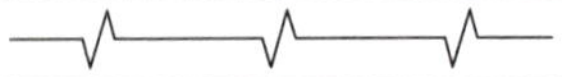	细	断裂处边界线、视图与剖视图的分界线
粗点画线		粗	限定范围表示线
细双点画线		细	相邻轴类零件的轮廓线、可动零件的极限位置的轮廓线等
波浪线		细	断裂处边界线、视图与剖视图的分界线
粗虚线		粗	允许表面处理的表示线

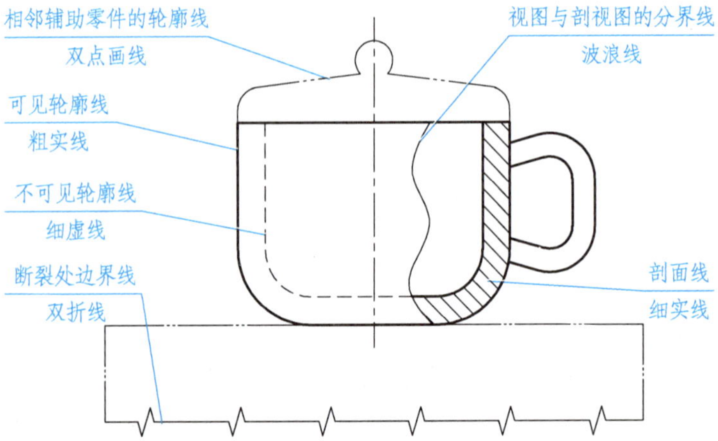

图 1-6　线型应用

2. 图线的宽度

图线分粗、细两种。粗线的宽度 b 可在 0.5~2 mm 选择，细线的宽度为 $b/2$。线宽的推荐组别为 0.25 mm、0.35 mm、0.5 mm、0.7 mm、1 mm、1.4 mm、2 mm。不同线宽组别情况下绘制细实线与粗实线的对应关系如表 1-5 所示。

表 1-5　不同线宽　　单位：mm

图线组别	0.25	0.35	0.5	0.7	1	1.4	2
粗线宽度	0.25	0.35	0.5	0.7	1	1.4	2
细线宽度	0.13	0.18	0.25	0.35	0.5	0.7	1

3. 图线画法注意事项

（1）在同一图样中，同类线型的宽度应基本一致。

（2）虚线以及各种点画线相交时应恰当地相交于线，而不应相交于点或间隙。

（3）点画线与双点画线两端应是线段而非短画，画对称中心线及回转中心线时，中心线应超出图线轮廓 2~5 mm。

（4）当所绘制的图形太小时，其中心线用点画线绘制比较困难时，可用细实线代替点画线。

（5）绘制剖面线时，除非另有规定，两条平行线之间的最小间隙不得小于 0.7 mm。

（6）当两种或两种以上图线重叠时，应按可见轮廓线、不可见轮廓线、轴线和对称中心线、双点画线的顺序优先画出所需的图线。

五、尺寸标注（GB/T 4458.4—2003）

在图样中，除需要表达机件的结构形状外，还需要标注尺寸，以明确其各部分的具体尺寸，具体查阅国家标准《机械制图尺寸注法》（GB/T1 4458.4—2003）。

1. 基本规则

尺寸标注的基本规则有以下几点：

（1）机件的真实大小应以图样上所注尺寸数值为依据，与图形的大小及绘制的准确度无关。

（2）图样中（包括技术要求和其他说明）的尺寸，以毫米（mm）为单位时，不需标注单位的符号（或名称），如采用其他单位，则应注明相应的计量单位符号，如 cm（厘米）。

（3）图样中所标注的尺寸为该图样所示机件的最后完工尺寸，否则应另加说明。

（4）机件的每一个尺寸，一般只标注一次，并应标注在反映该结构最清晰的图形上。

2. 尺寸组成

一个完整的尺寸，一般应由尺寸数字、尺寸界线、尺寸线和尺寸终端组成，如表 1-6 和图 1-7 所示。

表 1-6　尺寸组成定义

名　词	定　义
尺寸界线	尺寸界线表示尺寸的度量范围，一般用细实线绘制，并应从图形的轮廓线、轴线或对称中心线处引出，也可用轮廓线、轴线或对称中心线作尺寸界线。尺寸界线一般应与尺寸线垂直，并各超过尺寸线 3~4 mm，必要时允许倾斜，但两尺寸线必须相互平行
尺寸线	尺寸线表示尺寸度量的方向，用细实线绘制，同方向尺寸线之间距离应均匀，间隔为 7~10 mm。尺寸线不能用图样上其他图线来代替，也不能与其他图线重合或画在其延长线上。尺寸线不能相互交叉，而且要避免与尺寸界线交叉
尺寸终端	尺寸终端有箭头和斜线两种形式。 箭头适用于各种类型的图样。当尺寸线太短没有足够的位置画箭头时，允许将箭头画在尺寸线外边；尺寸终端采用箭头形式时，标注连续的小尺寸可以用圆点代替箭头。 当尺寸终端采用斜线形式时，斜线用细实线绘制，尺寸线与尺寸界线必须相互垂直。同一张图样中，除圆、圆弧、角度外，其尺寸标注应采用一种尺寸终端的形式
尺寸数字	尺寸数字用来标注机件的实际尺寸大小，一般注写在尺寸线的上方，也允许注写在尺寸线的中断处。在特殊情况下，还可以采用引出线进行注写。在同一张图样中，应尽量采用注写在尺寸线上方的形式进行注写

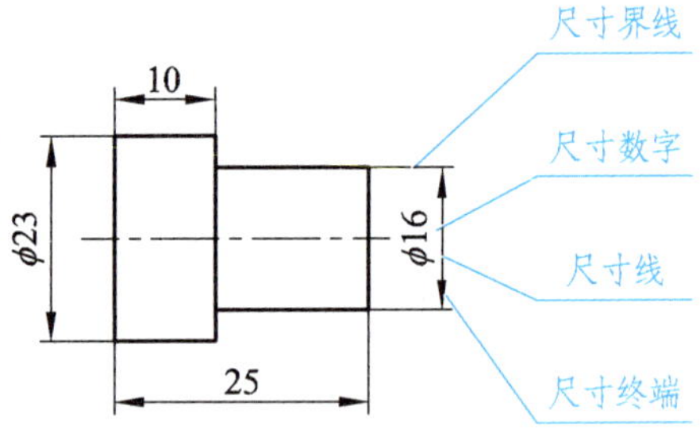

图 1-7　尺寸的组成

六、零件的正确完整绘制

【思考】

绘制零件图是第一步绘制图框、第二步绘制标题栏、第三步绘制中心线、第四步绘制零件轮廓线、第五步绘制尺寸线、第六步标注符号及技术要求吗？制图时需要注意哪些内容？

【练一练】

完整绘制项目一零件图。

游标卡尺主要由尺身、上量爪、下量爪、游标、紧固螺钉、深度尺等组成。上量爪测内径、槽宽，下量爪测外径、长度，深度尺测深度、高度。游标卡尺的常用精度为 0.02 mm。

2. 游标卡尺的读数原理

游标卡尺是利用主尺刻度间距与副尺刻度间距读数的。以 0.02 mm 游标卡尺为例，主尺的刻度间距为 1 mm，当两卡脚合并时，主尺上 49 mm 刚好等于副尺上 50 格，副尺每格长 = 0.98 mm。主尺与副尺的刻度间相关为 1 mm - 0.98 mm = 0.02 mm，因此它的测量精度为 0.02 mm。

3. 游标卡尺的读数方法

游标卡尺读数分为三个步骤，下面以图 1-9 所示的精度为 0.02 mm 的游标卡尺的某一状态为例进行说明。

（1）在主尺上读出副尺零线以左的刻度，该值就是最后读数的整数部分，图示为 33 mm。

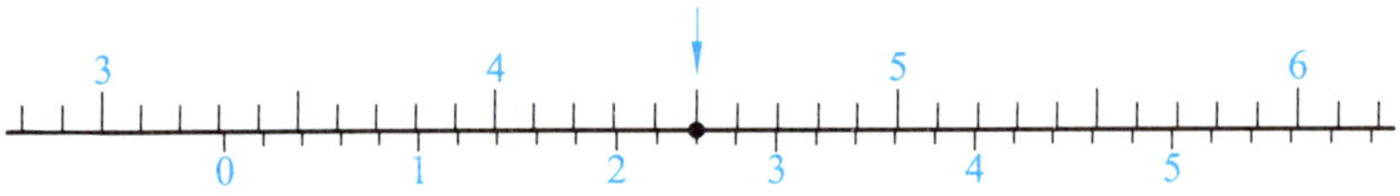

图 1-9　主尺

（2）副尺上一定有一条刻度与主尺的刻线对齐，在副尺上读出该刻线距副尺零线的格数，将其与刻度间距 0.02 mm 相乘，就得到最后读数的小数部分，图示为 0.24 mm。

（3）将所得到的整数和小数部分相加，就得到总尺寸为 33.24 mm。

4. 游标卡尺的校对

零位误差：清洁卡爪两测量面，轻推游标框，使两测量面接触，观察主尺零线（第一条刻度线）与游标零线是否重合。

5. 游标卡尺注意事项

（1）根据被测工件的特点、尺寸大小和精度要求选用合适的游标卡尺类型、测量范围和分度值。

（2）测量前应将游标卡尺擦干净，并将两量爪合并，检查游标卡尺的精度状况；大规格的游标卡尺要用标准棒校准检查。

（3）测量时，被测工件与游标卡尺要对正，测量位置要准确，两量爪与被测工件表面接触松紧合适。

（4）读数时，要正对游标刻线，看准对齐的刻线，正确读数；不能斜视，以减少读数误差。

（5）用单面游标卡尺测量内尺寸时，测得的尺寸应为卡尺上的读数加上两量爪宽度尺寸。严禁在毛坯面、运动工件或温度较高的工件上进行测量，以防损伤量具精度和影响测量精度。

四、千分尺的校对和检验方法

1. 千分尺的结构与规格

千分尺（见图 1-10）是测量中最常用的精密量具之一，按照用途不同可分为外径千分尺、内径千分尺、深度千分尺、内测千分尺和螺纹千分尺。千分尺的测量精度为 0.01 mm。外径千分尺的测量范围在 500 mm 以内时，每 25 mm 为一挡，如 0 ~ 25 mm、25 ~ 50 mm 等；测量范围在 500 ~ 1 000 mm 时，每 100 mm 为一挡，如 500 ~ 600 mm、600 ~ 700 mm 等。

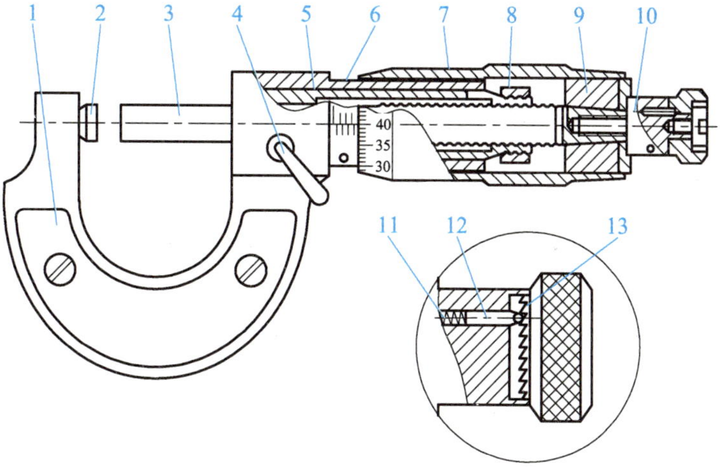

1—尺架；2—砧座；3—测微螺杆；4—锁紧手柄；5—螺纹轴套；6—固定套筒；7—微分筒；8—螺母；9—接头；10—测力装置；11—弹簧；12—棘轮爪；13—棘轮。

图 1-10 千分尺的结构

2. 千分尺的刻线原理

千分尺的固定套筒上刻有轴向中线，作为读数基准线，上面一排刻线标出的数字表示毫米整数值；下面一排刻线未注数字表示对应上面刻线的半毫米值。即固定套筒上下每相邻两刻线轴向长为 0.5 mm。千分尺的测微螺杆的螺距为 0.5 mm，当微分筒每转一圈时，测微螺杆便随之沿轴向移动 0.5 mm。微分筒的外锥面上一圈均匀刻有 50 条刻线，微分筒每转过一个刻线格，测微螺杆沿轴向移动 0.01 mm。所以千分尺的测量精度为 0.01 mm。

3. 千分尺的读数方法

先读出固定套筒上露出来的刻线的整数毫米及半毫米数。再看微分筒哪一刻线与固定套筒的基准线对齐，读出不足半毫米的小数部分。最后将两次读数相加，即为工件的测量尺寸，如图 1-11~图 1-13 所示。

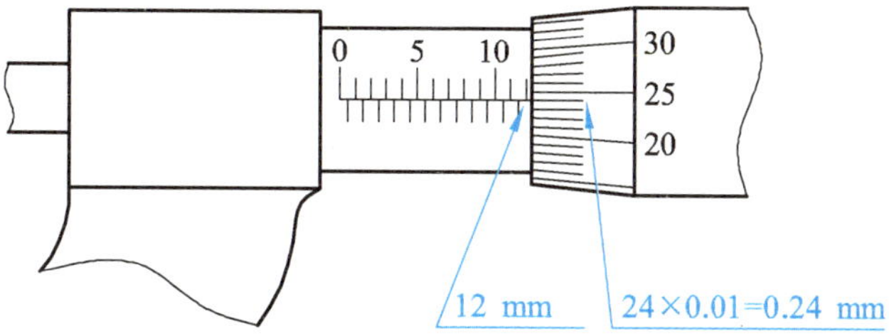

$$12 + 24 \times 0.01 = 12 + 0.24 = 12.24\ (\text{mm})$$

图 1-11 千分尺读数实例 1

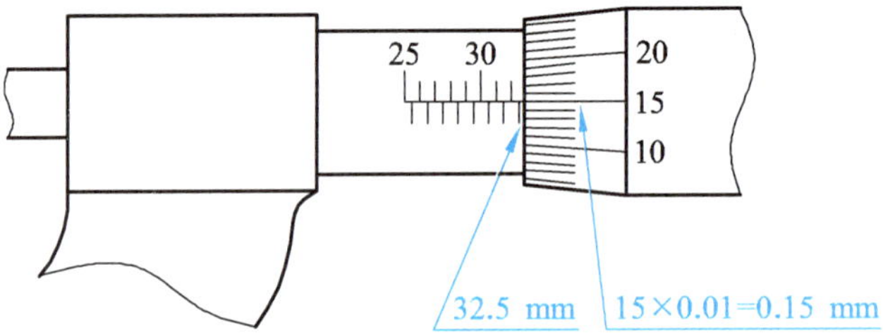

32.5 + 15 × 0.01 = 32.5 + 0.15 = 32.65（mm）

图 1-12　千分尺读数实例 2

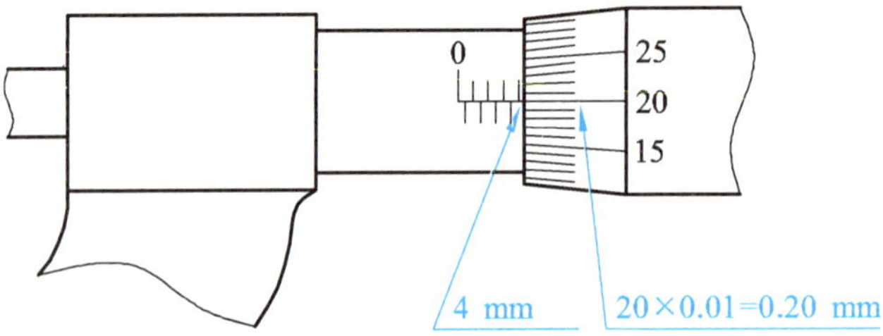

4 + 20 × 0.01 = 4.20（mm）

图 1-13　千分尺读数实例 3

4. 千分尺的校对

使用千分尺前，应先校对千分尺的零位。所谓“校对千分尺的零位”，就是把千分尺的两个测量面擦干净，转动测微螺杆使它们贴合在一起（这里针对 0 ~ 25 mm 的千分尺而言，若测量范围大于 0 ~ 25 mm 时，应该在两测量面间放上校对样棒），检查微分筒圆周的“0”刻线是否对准固定套筒的基准轴向中线，微分筒的端面是否正好使固定套筒上的“0”刻线露出来。

5. 千分尺注意事项

（1）使用前，应先把千分尺的两个测量面擦干净，转动测力装置，使两测量面接触，此时活动套筒和固定套筒的零刻度线应对准。

（2）测量前，应将零件的被测量面擦干净，不能用千分尺测量带有研磨剂的表面和粗糙表面。

（3）测量时，左手握千分尺尺架上的绝热板，右手旋转测力装置的转帽，使测量表面保持一定的测量压力。

（4）绝不允许旋转活动套筒（微分筒）来夹紧被测量面，以免损坏千分尺。

（5）应注意使测量杆与被测尺寸方向一致，不可歪斜，并保持与测量表面接触良好。

（6）用千分尺测量零件时，最好在测量中读数，测毕经放松后，再取下千分尺，以减少测量杆表面的磨损。

（7）读数时，要特别注意不要读错主尺上的 0.5 mm。

（8）千分尺用后应及时擦干净，放入盒内，以免与其他物件碰撞而受损，影响精度。

五、百分表的正确使用

1. 百分表的结构

百分表是一种指示式量仪，主要用来测量工件的尺寸、形状和位置误差，也可用于检验机床的几何精度或调整工件的装夹位置偏差，如图 1-14 和图 1-15 所示。百分表的测量范围一般有 0~3 mm，0~5 mm 和 0~10 mm 3 种。按制造精度不同，百分表可分为 0 级、1 级和 2 级。

图 1-14　百分表

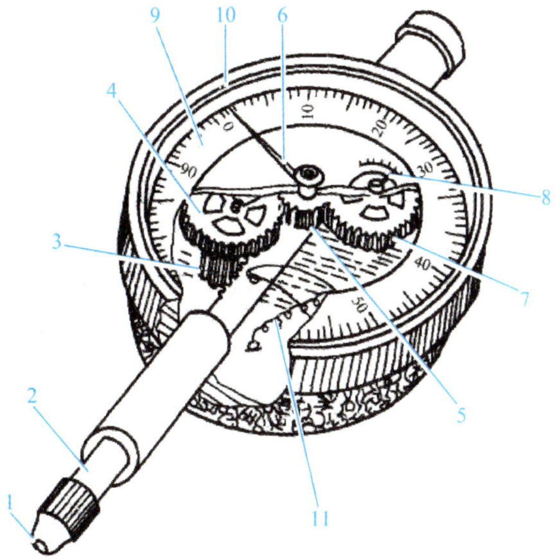

1—测头；2—量杆；3—小齿轮（16 齿）；4，7—大齿轮（100 齿）；
5—传动齿轮；6，8—大小指针；9—表盘；
10—表圈；11—拉簧。

图 1-15　百分表结构

2. 百分表的刻线原理与读数

百分表量杆上的齿距是 0.625 mm。当量杆上升 16 齿时（即上升 0.625 mm × 16 = 10 mm），16 齿的小齿轮正好转 1 周，与其同轴的 100 齿的大齿轮也转 1 周，从而带动齿数为 10 的小齿轮和长指针转 10 周。即当量杆上移 1 mm 时，长指针转 1 周。由于表盘上共等分 100 格，所以长指针每转 1 格，表示量杆移动 0.01 mm。故百分表的测量精度为 0.01 mm。测量时，量杆被推向管内，量杆移动的距离等于小指针的读数（测出的整数部分）加上大指针的读数（测出的小数部分）。

3. 百分表注意事项

（1）读数时眼睛要垂直于表针，防止偏视造成读数误差。

（2）远离液体，不使冷却液、切削液、水或油与百分表接触。

（3）在不使用时，要摘下百分表，使表解除其所有负荷，让测量杆处于自由状态。

（4）成套保存于盒内，避免丢失与混用。

基准孔是在基孔制配合中选作基准的孔。

偏差分为上偏差和下偏差，具体定义如表 1-9 所示。

表 1-9　偏差

名　词	定　义
上偏差（ES）	最大极限尺寸减其基本尺寸所得到的代数差
下偏差（EI）	最小极限尺寸减其基本尺寸所得到的代数差
尺寸公差（T）	上偏差减其下偏差得到的代数差

通过定义，得到偏差的计算公式：

上偏差（ES）= 最大极限尺寸（D_{max}）- 基本尺寸

下偏差（EI）= 最小极限尺寸（D_{min}）- 基本尺寸

尺寸公差（T）= 上偏差（ES）- 下偏差（EI）

公差带图解如图 1-19 所示。

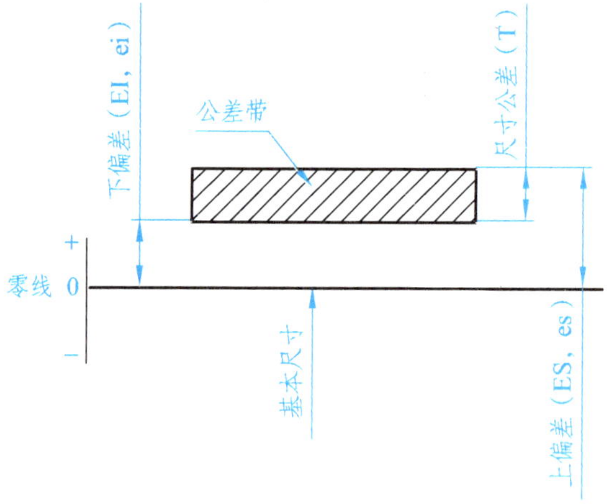

图 1-19　公差带图解

【例题讲解】

试计算尺寸 $\phi23_{-0.1}^{\ 0}$ 的上偏差、下偏差和尺寸公差。

解：根据尺寸 $\phi23_{-0.1}^{\ 0}$ 可得到 23 为基本尺寸，最大极限尺寸为 23 + 0 = 23（mm），最小极限尺寸为 23 - 0.1 = 22.9（mm），则：

$$ES = 23 - 23 = 0$$

$$EI = 22.9 - 23 = -0.1$$

$$T = 0 - (-0.1) = 0.1$$

3. 尺寸链的计算

尺寸链是决定各相关零件尺寸和位置的重要参数，它能使机械产品既能满足精度和技术要求，又具有良好的经济性。

尺寸链的特点：

（1）封闭性。组成尺寸链的各个尺寸应按一定的顺序构成一个封闭系统。

（2）相关性（制约性）。其中一个尺寸变动将影响其他尺寸变动。

【例题讲解】

根据图 1-20，以保证 10±0.05 尺寸，试计算 ϕ16 轴的长度加工尺寸。

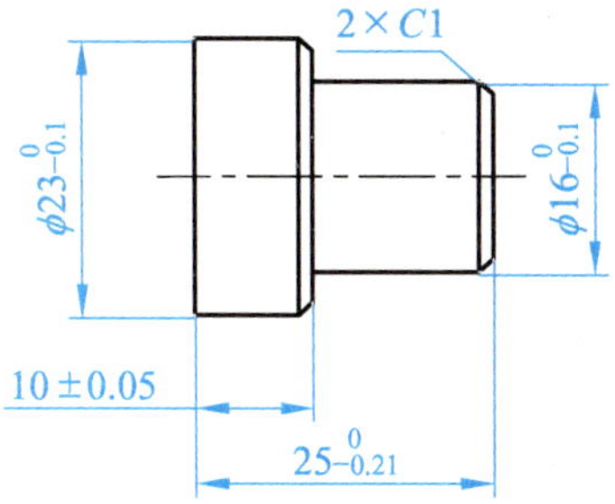

图 1-20　零件图及尺寸公差

如图 1-21 为尺寸链图。将尺寸链中各相应的环按大致比例画出，通过尺寸 A_1、A_2和 A_0形成尺寸链。每一尺寸称为环。封闭环是间接保证尺寸的环，A_0是封闭环。A_1、A_2是组成环，它是能人为控制或直接获得的环。A_1是增环，增环是某环增大而其他不变，封闭环也增大。A_2是减环，减环是某环增大而其他不变，封闭环却减小。

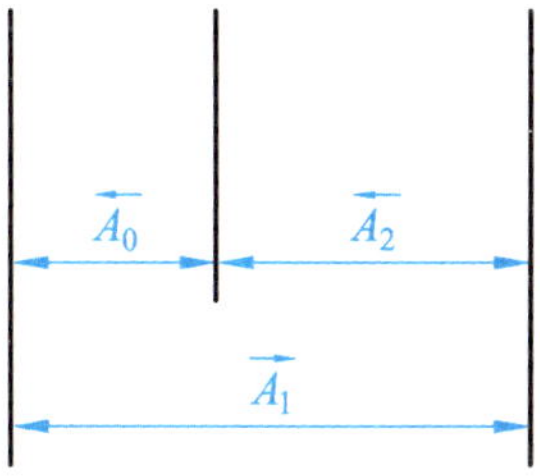

图 1-21　尺寸链图

解：尺寸 A_1、A_2和 A_0形成工艺尺寸链，如图 1-21 所示。

A_1 $25_{-0.21}^{\ 0}$ 为增环，A_2为减环，$A_0 = 10\pm0.05$ 为封闭环。

$$A_0 = \overrightarrow{A_1} - \overleftarrow{A_2}$$

$$\overleftarrow{A_2} = \overrightarrow{A_1} - A_0 = 25 - 10 = 15\ (\text{mm})$$

$$\begin{aligned}\overleftarrow{A_2}\text{最大值} &= \overrightarrow{A}_{1\max} - \overleftarrow{A}_{0\max}\\ &= 25 - 10.05\\ &= 14.95\ (\text{mm})\end{aligned}$$

$$\begin{aligned}\overleftarrow{A_2}\text{最小值} &= \overrightarrow{A}_{1\min} - \overleftarrow{A}_{0\min}\\ &= 24.79 - 9.95\\ &= 14.84\ (\text{mm})\end{aligned}$$

答：尺寸 A_2等于 $15_{-0.16}^{-0.05}$ mm。

4. 编程尺寸的计算

图样上的尺寸基准与编程所需尺寸基准并不一致，故应首先将图样上的基准尺寸换算为编程所需的尺寸，再进行下一步数学处理。一般地，精加工零件轮廓尺寸偏差相差较大时，编程应取极限尺寸的平均值，即

$$编程尺寸 = 基本尺寸 + \frac{上偏差+下偏差}{2}$$

【例题讲解】

试计算尺寸 $\phi16_{-0.1}^{\ 0}$ 的编程尺寸。

解：$16+\dfrac{0+(-0.1)}{2}=15.95$（mm）

答：尺寸 $\phi16_{-0.1}^{\ 0}$ 的编程尺寸为 15.95 mm。

模块三 金属材料与热处理

一、常用金属材料的分类

常用金属材料的分类如图 1-22 所示。

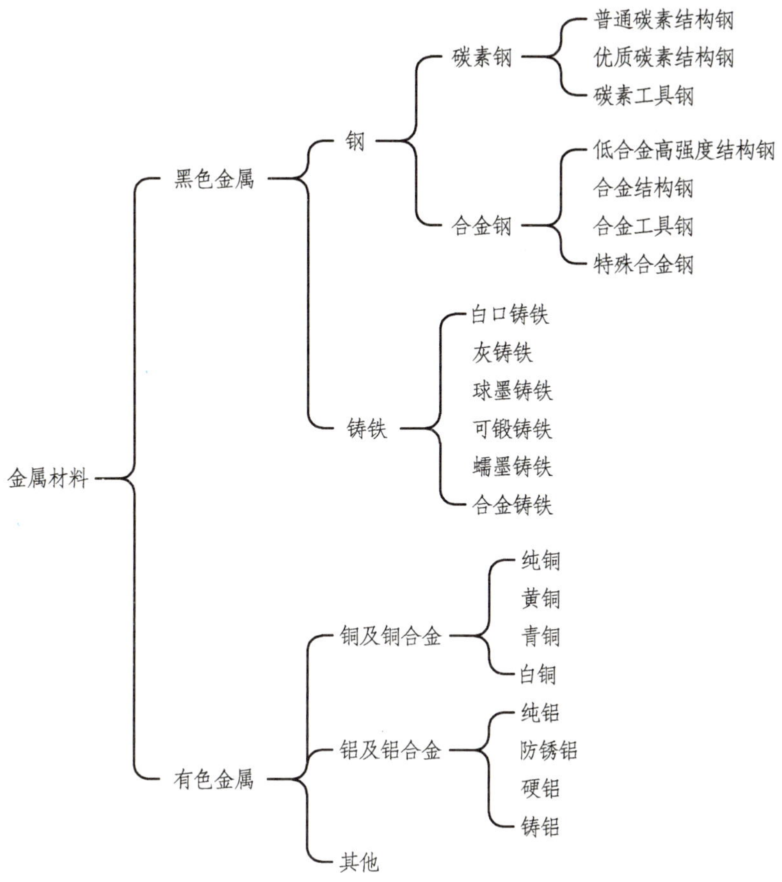

图 1-22 常用金属材料的分类

二、常用钢的退火、正火、淬火、调质处理知识

退火是把钢加热到一定温度并在此温度下保温，然后缓慢冷却到室温。退火有完全退火、球化退火、去应力退火等几种。

正火是将钢件加热到临界温度以上 30~50 °C，保温适当时间后，在静止的空气中冷却的热处理工艺。

淬火是将钢件加热到临界点以上某一温度（45 号钢淬火温度为 840~860 °C，碳素工具钢的淬火温度为 760 ~ 780 °C），保持一定的时间，然后以适当速度在水（油）中冷却以获得马氏体或贝氏体组织的热处理工艺。

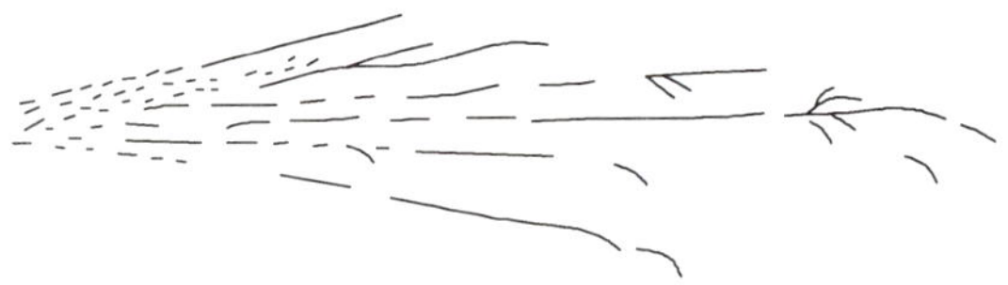

图 1-28 高速工具钢 W18Cr4V 火花图

四、金属材料的性能

金属材料的性能可分为物理性能、化学性能、力学性能和工艺性能四大类。

1. 物理性能

金属材料的物理性能包括密度、外观、导热性能、光学性能、磁性能、电性能、超导性能、形状记忆性能等，如电镀金利用金的外观、飞机用铝合金利用密度、电热器用铜利用导热导电、永磁材料利用磁性能等。

2. 化学性能

金属材料的化学性能包括耐热性、耐蚀性、耐晒性、催化特性、感光特性等，不锈钢利用耐蚀性、高温合金利用耐热性等。

3. 力学性能

金属材料的力学性能包括硬度、强度、塑性、韧性、冲击、疲劳、弹性等，如刀具利用硬度、结构材料利用强度、变形加工利用塑性、弹性材料利用弹性和疲劳性能、装甲钢利用冲击性能等。

4. 工艺性能

工艺性能是指加工成为一定形状的零件的难易程度，如锻造性能、冲压性能、铸造性能、焊接性、热处理性能等。各工艺性能又可细分，如铸造性能包括流动性、收缩性等，热处理性能包括淬透性、淬硬性、氧化脱碳性、白点敏感性等。

模块四 机械加工工艺

一、数控车床的认识

数控车床又称 CNC（Computer Numerical Control）车床，即用计算机数字控制的车床。数控车床是目前国内外使用量最大、覆盖面最广的一种数控机床，约占数控机床总数的 25%。数控机床以其精度高、效率高、能适应小批量多品种复杂零件的加工等优点，在机械加工中得到日益广泛的应用。其中，车床能对轴类或盘类等回转体零件进行内、外圆柱面，圆锥面，圆弧面和直、锥螺纹等工序的切削加工，并能进行切削、钻孔、扩孔和铰孔等工作，如图 1-29 所示。

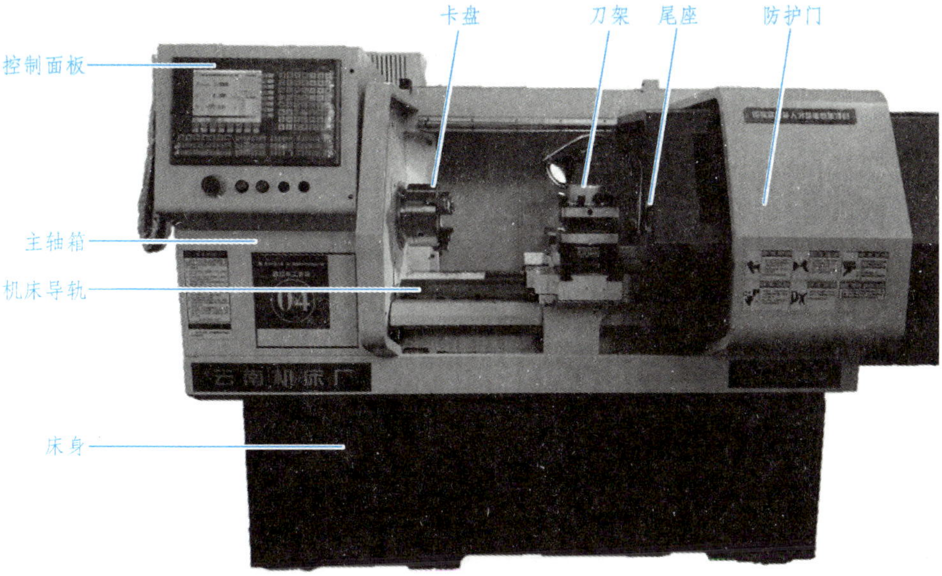

图 1-29 数控车床结构外观组成

1. 数控车床的特点

（1）适应性强，适合加工多品种、小批量复杂工件。

（2）加工精度高，产品质量稳定。

（3）生产效率高。

（4）自动化程度高，劳动强度低。

2. 数控车床的分类

1）按车床主轴位置分类

数控车床按主轴位置分为立式数控车床和卧式数控车床。

立式数控车床的车床主轴垂直于水平面，下方一个直径很大的圆形工作台，用来装夹工件。这类车床主要用于加工径向尺寸大、轴向尺寸相对较小的大型复杂零件。

卧式数控车床又分为数控水平导轨卧式车床和数控倾斜导轨卧式车床。其倾斜导轨结构可以使车床具有更大的刚性，并易于排除切屑。

2）按控制方式分类

数控车床按控制方式分为开环、闭环、半闭环控制数控车床。

开环控制数控车床没有检测反馈装置，数控系统发出的指令脉冲信号是单方向的，没有反馈信号，因此其加工精度主要取决于伺服系统的性能。开环控制系统的驱动元件主要是步进电动机，控制电路每变换一次指令脉冲信号，电动机就转过一个步距角。开环控制结构简单，造价低，调试维修方便，但控制精度一般不高，多应用于经济型数控车床或旧车床的数控化改造。

半闭环控制数控车床采用的是角位移检测装置，安装在伺服电动机或丝杠端部，通过检测伺服电机的转角或丝杠转角，间接测得工作台的实际位移值，与输入指令值比较后，用差值控制运动部件。由于丝杠、工作台等惯性较大的运动部件不在控制环内，比较容易获得稳定的控制特性，角位移检测装置可与伺服电机设计成一个整体，使系统的结构简单，安装调试方便，但机械传动的误差无法得到校正和消除。只要检测装置的精度高，分辨率高，丝杠螺母机构的精度高，具有可行的间隙消除措施，半闭环控制系统就能具有较高的控制精度，目前广泛应用于中小型数控车床上。

闭环控制数控车床采用的是直线位移检测装置，其安装在机床工作台上，直接检测工作台的实际位移值，与输入指令比较后，用差值控制运动部件。闭环控制在位置环内还有一个速度环，其目的是减少因负载等因素而引起的进给速度的波动，改善位置环的控制品质。由于闭环控制系统将机械传动部分全部包括在闭环之内，从理论上讲，闭环控制的精度取决于检测装置的精度，而与机械传动的误差无关，因而定位精度高，速度快。但闭环控制系统技术上要求高，成本较高，调试和维修比较复杂，此外车床的结构、传动装置及传动间隙等非线性因素都会影响其控制精度，严重时系统会产生振荡，降低系统的稳定性，所以在设计时应对其给予足够的重视。闭环控制一般应用于精度要求较高的数控机床，如数控精密镗铣床、超精车床、精密加工中心等。

3）按功能分类

数控车床按功能可分为经济型数控车床、全功能型数控车床和车削加工中心。

经济型数控车床是采用步进电动机和单片机对普通车床的进给系统进行改造后形成的简易型数控车床，其成本较低，但自动化程度和功能都比较差，车削加工精度也不高，适用于要求不高的回转类零件的车削加工。

全功能型数控车床是根据车削加工要求在结构上进行专门设计并配备通用数控系统而形成的数控车床，其数控系统功能强，自动化程度和加工精度也比较高，适用于一般回转类零件的车削加工。

车削加工中心是在全功能型数控车床的基础上，增加了动力头，更高级的数控车床带有刀库，可控制三个坐标轴。由于增加了铣削动力头，这种数控车床的加工功能大大增强，除可以进行一般车削外还可以进行径向和轴向铣削、曲面铣削，以及中心线不在零件回转中心的孔和径向孔的钻削等加工。

3. 数控车床的结构

数控车床主要由机床本体、数控装置、输入/输出装置和伺服系统四部分组成，如图 1-30 所示。

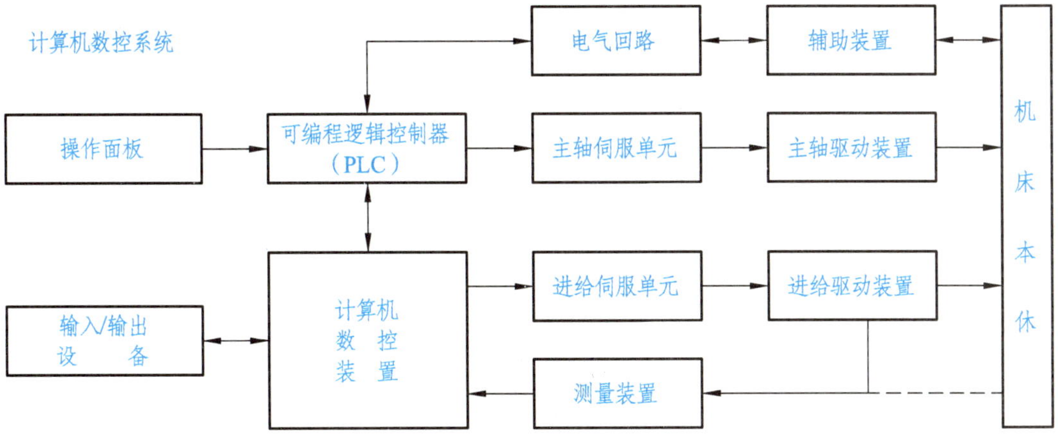

图 1-30　数控车床结构示意图

1）机床本体

数控机床的机床本体与传统机床相似，由主轴传动装置、进给传动装置、床身、工作台以及辅助运动装置、液压气动系统、润滑系统、冷却装置等组成。但数控机床在整体布局、外观造型、传动系统、刀具系统的结构以及操作机构等方面都已发生了很大的变化，这种变化的目的是满足数控机床的要求和充分发挥数控机床的特点。

2）数控装置（CNC 单元）

数控装置是数控机床的核心。CNC 单元由信息的输入、处理和输出三个部分组成。CNC 单元接收数字化信息，经过数控装置的控制软件和逻辑电路进行译码、插补、逻辑处理后，将各种指令信息输出给伺服系统，伺服系统驱动执行部件做进给运动。

3）输入/输出装置

输入装置将各种加工信息传递给计算机的外部设备。在数控机床产生初期，输入装置为穿孔纸带，现已淘汰，后发展成盒式磁带，再发展成键盘、磁盘等便携式硬件，极大地方便了信息的输入工作，现采用 DNC（分布式数控）网络串行通信的方式输入。

输出指输出内部工作参数（含机床正常、理想工作状态下的原始参数和故障诊断参数等），一般在机床刚工作状态需输出这些参数做记录保存，待工作一段时间后，再将输出与原始资料做比较、对照，可判断机床工作是否维持正常。

4）伺服系统

伺服系统由伺服驱动装置和伺服电动机两大部分组成，并与机床上的执行部件和机械传动部件组成数控机床的进给系统。

其作用是把来自数控装置的脉冲信号转换成机床移动部件的运动。对于步进电机来说，每一个脉冲信号使电机转过一个角度，进而带动机床移动部件移动一个微小距离。每个进给运动的执行部件都有相应的伺服驱动系统，整个机床的性能主要取决于伺服系统。

4. 零件的安装

数控车床上零件的安装方法与普通车床一样，要合理选择定位基准和夹紧方案，主要注意以下两点：

（1）选择统一的设计、工艺基准作为安装基准，这样有利于提高编程时的数值计算和精度控制。

（2）尽量减少装夹次数，尽可能在一次装夹后，加工出尽可能多的待加工面尺寸。

根据零件的尺寸、精度要求和生产条件选择最常用的车床通用的三爪自定心卡盘，如图 1-31 所示。三爪自定心卡盘可以自定心，夹持范围大，适用于截面为圆形、三角形、六边形的轴类和盘类零件。

图 1-31　三爪自定心卡盘

二、机床面板的认识与操作

1. 操作面板

数控机床操作面板是数控机床的重要组成部件，是操作人员与数控机床（系统）进行交互的工具，主要有显示装置、NC（数字控制）键盘、机床操作面板、状态灯、手持单元等部分组成。数控车床的类型和数控系统的种类很多，各生产厂家设计的操作面板也不尽相同，但操作面板中各种旋钮、按钮和键盘的基本功能与使用方法基本相同。下面以广数系统 980TDb 为例，如图 1-32 所示，简单介绍数控机床操作面板上各个按键的基本功能与使用方法。

1）显示装置

数控系统通过显示装置为操作人员提供必要的信息。根据系统所处的状态和操作命令的不同，显示的信息可以是正在编辑的程序、正在运行的程序、机床的加工状态、机床坐标轴的指令/实际坐标值、加工轨迹的图形仿真、故障报警信号等。

2）NC 键盘

NC 键盘包括 MDI 键盘及软键功能键等。MDI（手动数据输入方式）键盘一般具有标准化的字母、数字和符号，主要用于零件程序的编辑、参数输入、MDI 操作及管理等。

3）机床操作面板（MCP）

机床控制面板集中了系统的所有按钮（故可称为按钮站），这些按钮用于直接控制机床的动作或加工过程，如启动、暂停零件程序的运行，手动进给坐标轴，调整进给速度等。

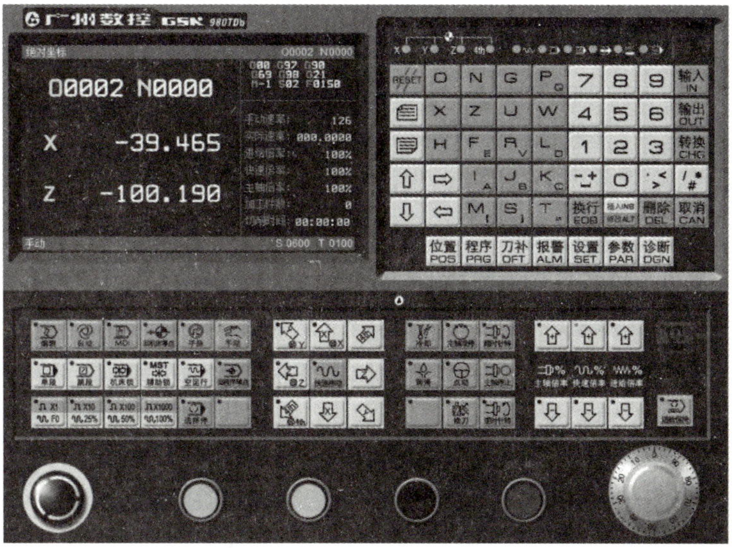

图 1-32 广数 980TDb 系统操作面板

2. 常用功能键

常用功能键如表 1-10 所示。

表 1-10 常用功能键

序号	按键	名称	功能	序号	按键	名称	功能
1		编辑	按下“编辑”键后，再按“程序”进入程序编辑模式	5		辅助锁	程序中的 M、S、T 指令无效
2		自动	按下“自动”键后，再按“循环启动”则机床进入自动运行加工模式	6		空运行	程序中的 F 无效，直接以各轴移动的最快速度移动
3		MDI	按下“MDI”键后，再按“程序”进行模态信息输入或单一程序段手动输入	7	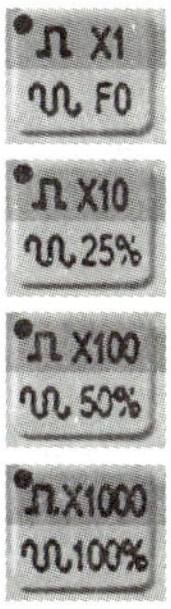	快速移动速度修调	在“手脉”或“手动”方式下，可进行移动速度的修调，一般有 F0、25%、50%和 100%四种切换选择。手轮和自动方式下一般选择“25%”和“50%”的速度配合使用
4		回机床零点	开机后按“回机床零点”键，再按“+X”和“+Z”进行机械回零操作	8		快速移动	在“手动”方式下按此键后，再长按各轴将以最快速度移动

2）X 轴对刀

用外圆车刀再试切外圆（切削时倍率为 25%即可），Z 向退刀，停车，如图 1-34 所示，测量外圆直径后，若直径值为 29.15，按【刀补】→选择“刀号”→输入【X29.15】（车削后的外圆直径值）→按【输入】软键，刀具“X”补偿值即自动输入到形状里。

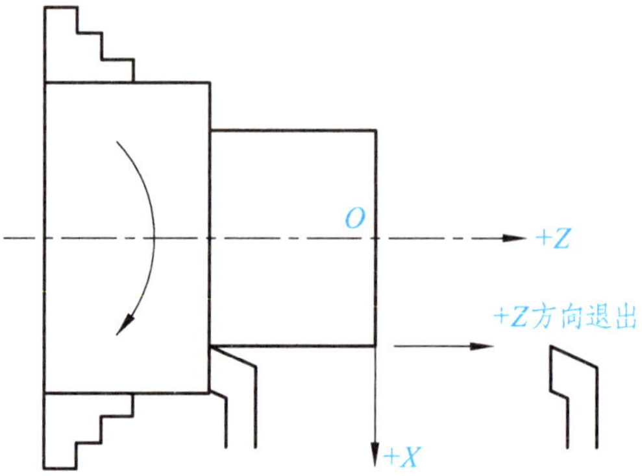

图 1-34　*X* 轴对刀

5. 刀具磨损的输入

刀具磨损的输入功能键如表 1-13 所示。

表 1-13　刀具磨损的输入功能键

刀补键	输入键	字母 U 键	字母 W 键

一般地，若粗车后直径值偏大，则 U 为负，反之则 U 为正；若长度值偏小，则 W 为负，反之则 W 为正。

（1）按【刀补】键，进入刀具偏置磨损界面。

（2）用光标移动选择当前需要修改磨损的“刀号”。

（3）按【U－】→【××】→【输入】或【U+】→【××】→【输入】，即可修改当前刀号 X 轴的磨损；按【W－】→【××】→【输入】或【W+】→【××】→【输入】，即可修改当前刀号 Z 轴的磨损。

【思考】

尺寸 $\phi16_{-0.1}^{0}$ 的精加工余量假设为 $a_p = 0.5$ mm，那么当粗车后 $\phi16_{-0.1}^{0}$ 尺寸的测量结果如果为 ϕ17.05，则此时它的磨损应怎样输入正确？如果粗车后 $\phi16_{-0.1}^{0}$ 实测为 ϕ16.90，$\phi23_{-0.1}^{0}$ 实测为 ϕ23.95，又该怎样输入和修改才能加工出正确合格的尺寸呢？

三、车刀的认识

1. 车刀的组成

车刀由刀杆和刀头两部分组成。刀头用于切削，刀杆用于安装。刀头一般由三面、两刃和一刀尖组成，如图 1-35 和表 1-14 所示。

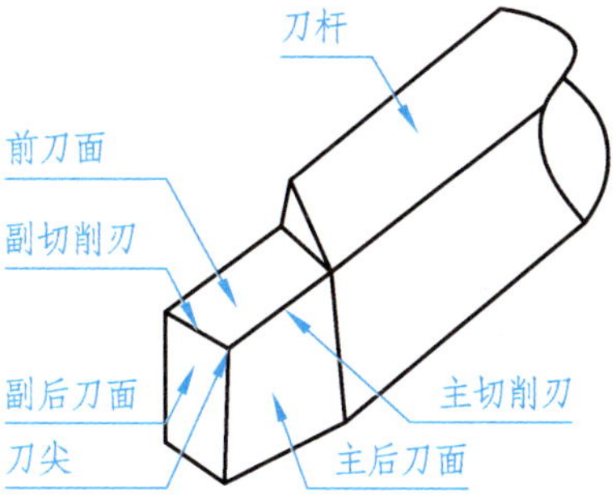

图 1-35 车刀的组成

表 1-14 车刀的组成

名 词	说 明
前刀面	刀具上切屑流过的表面
后刀面	后刀面分主后刀面和副后刀面。与过渡表面相对的刀面称为主后刀面，与已加工表面相对的刀面称为副后刀面
主切削刃	前刀面和主后刀面的相交部位，担负主要的切削工作
副切削刃	前刀面和副后刀面的相交部位，配合主切削刃完成少量的切削工作
刀尖	主切削刃和副切削刃的连接部位。为了提高刀具强度，将刀尖磨成圆弧形或直线形过渡刃。一般硬质合金刀尖圆弧半径 $r_\varepsilon = 0.5\sim1$ mm
修光刃	副切削刃近刀尖处一小段平直的切削刃。须与进给方向平行，且大于进给量

2. 车刀的几何角度

车刀的几何角度如图 1-36 和表 1-15 所示。

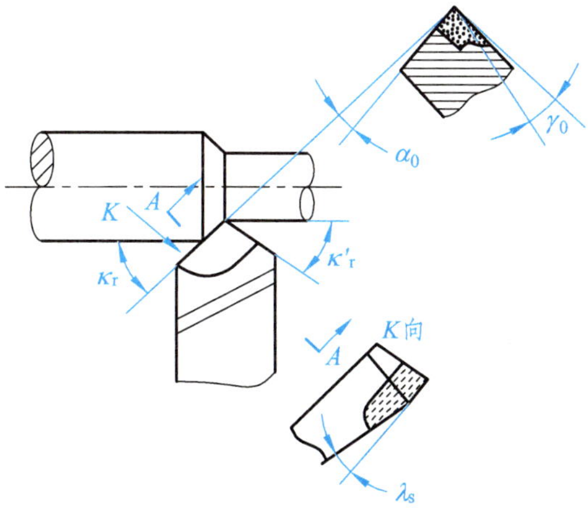

图 1-36 车刀的几何角度

表 1-15　车刀的几何角度

名　词	定　义
前角（γ_0）	前角是前刀面与基面之间的夹角，其主要作用是使刀刃锋利，便于切削。车刀的前角不能太大，否则会削弱刀刃的强度，容易磨损甚至崩坏。加工塑性材料时，前角可选大些，若用硬质合金车刀切削钢件，可取 $\gamma_0 = 10° \sim 20°$；精加工时，车刀的前角应比粗加工大，这样刀刃锋利，可降低工件的粗糙度
后角（α_0）	后角是主后刀面与切削平面之间的夹角，其主要作用是减小车削时主后刀面与工件的摩擦。α_0 一般取 $6° \sim 12°$，粗车时取小值，精车时取大值
楔角	前刀面与后刀面之间的夹角
主偏角（κ_r）	主偏角是主切削刃在基面的投影与进给方向的夹角，其主要作用是可改变主切削刃、增加切削刃的长度，从而影响径向切削力的大小和刀具的使用寿命。小的主偏角可增加主切削刃参加切削的长度，因而散热较好，有利于延长刀具的使用寿命。车刀常用的主偏角有 45°、60°、75°、90°等几种
副偏角（κ'_r）	副偏角是副切削刃在基面上的投影与进给反方向的夹角，其主要作用是减小副切削刃与已加工表面之间的摩擦，以改善已加工表面的粗糙度。κ'_r 一般取 $5° \sim 15°$
刀尖角	主切削刃与副切削刃之间的夹角
刃倾角（λ_s）	刃倾角 λ_s 是主切削刃与基面的夹角，其主要作用是控制切屑的流出方向。主切削刃与基面平行时，$\lambda_s = 0$；刀尖处于主切削刃的最低点时，λ_s 为负值，刀尖强度增大，切屑流向已加工表面，用于粗加工；刀尖处于主切削刃的最高点时，λ_s 为正值，刀尖强度减小，切屑流向待加工表面，用于精加工。车刀刃倾角 λ_s 一般取 $-5° \sim +5°$

3. 车刀的分类及用途

1）按用途分类

常用车刀按用途分类可分为外圆车刀、端面车刀、切断刀、内孔车刀和螺纹车刀等，如表 1-16 所示。

表 1-16　车刀按用途分类

序号	形式及用途	示意图	序号	形式及用途	示意图
1	85°外圆车刀		2	外螺纹车刀	

续表

序号	形式及用途	示意图	序号	形式及用途	示意图
3	外形切槽车刀		8	内沟槽车刀	
4	内孔车刀	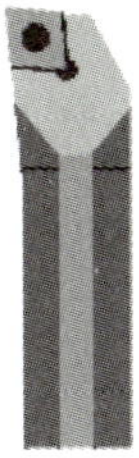	9	端面切槽车刀	
5	60°内孔车刀		10	60°外圆车刀	
6	35°内孔车刀		11	35°外圆车刀	
7	螺纹车刀		12	外形圆弧切槽刀	

2）按结构分类

车刀按结构分类可分为整体式车刀、焊接式车刀、机夹式车刀等。

（1）整体式车刀。

整体式车刀的切削部分是靠刃磨得到的，材料多用高速钢制成，一般用于小型机床的低速切削或加工非铁金属。

（2）焊接式车刀。

焊接式车刀将硬质合金刀片焊接在刀头部位，不同种类的车刀可使用不同形状的刀片，结构紧凑、使用灵活，用于高速切削。

（3）机夹式车刀。

机夹式车刀可避免焊接产生的应力、裂纹等缺陷，刀杆利用率高，用于数控车床加工及大中型车床的加工。

3）常用车刀的用途

常用车刀的用途如下：

（1）45°外圆车刀：用来车削工件的外圆、端面和倒角。

（2）35°外圆车刀、60°外圆车刀：用于外圆仿形车削。

（3）90°外圆车刀：用来车削工件的外圆、台阶和端面。

（4）切断刀：用来切断工件或在工件上切出沟槽。

（5）镗孔刀（内孔车刀）：用来车削工件的内孔。

（6）内螺纹车刀、外螺纹车刀：用于车削螺纹。

4. 车刀的正确安装

1）车刀伸出的长度

车刀安装在刀架上的伸出部分应尽量短，以增强其刚性，如图 1-37 所示。如图 1-38 所示，因车刀伸得太长，切削起来容易发生振动，使车出来的工件表面粗糙，甚至会把车刀折断。但车刀也不宜伸出太短，太短会使车削不方便，容易发生刀架与卡盘碰撞。车刀伸出长度为刀柄厚度的 1 ~ 1.5 倍。车刀下面的垫片应与刀架边缘对齐，垫片必须平整，同时应尽可能用少数垫片，并用两个螺钉依次逐步轮流压紧。

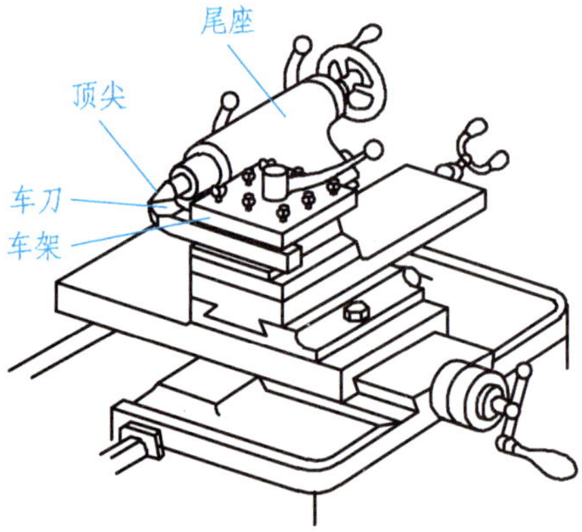

图 1-37　车刀的正确安装

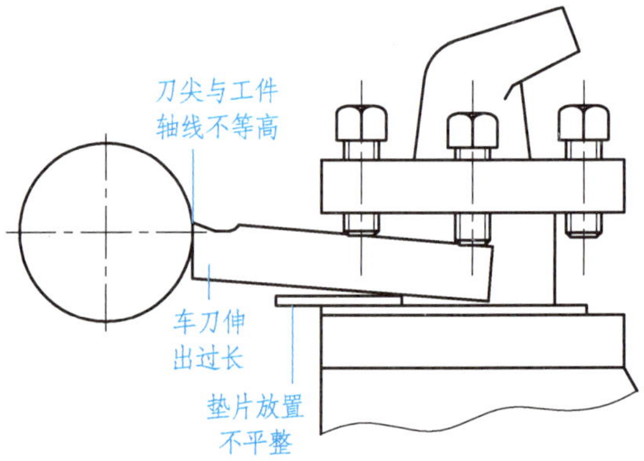

图 1-38　车刀的错误安装

2）车刀刀尖的中心高度

车刀刀尖应与工件中心等高，当车刀刀尖高于工件轴线时，车刀的实际后角减小，车刀后面与工件之间的摩擦增大；当车刀刀尖低于工件轴线时，车刀的实际前角减小，切削阻力增大。装刀高低与工作角度的关系如图 1-39 所示。

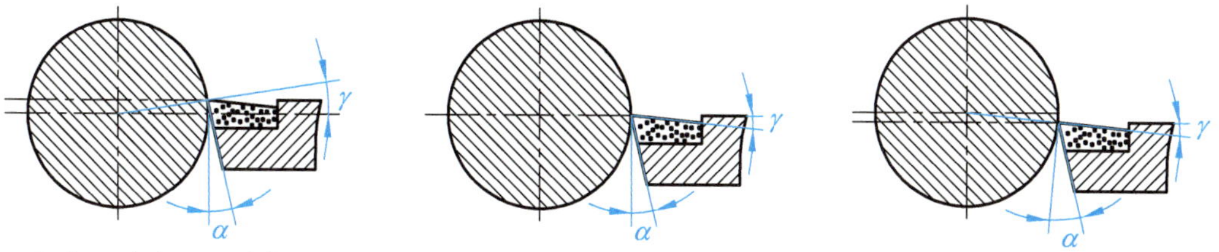

（a）刀尖高于工件轴线　（b）刀尖与工件中心等高　（c）刀尖低于工件轴线

图 1-39　装刀高低与工作角度的关系

如果刀尖不对中心，在车至端面中心时会留有凸台，并极易使刀尖崩碎，如图 1-40 所示。

（a）刀尖装得过高产生凸台　（b）刀尖装得过低易崩刀

图 1-40　刀尖安装问题

3）车刀安装的几何角度

如图 1-41 所示，加工端面时，主切削刃不与被加工端面干涉；加工外圆时，副切削刃不与被加工端面干涉。

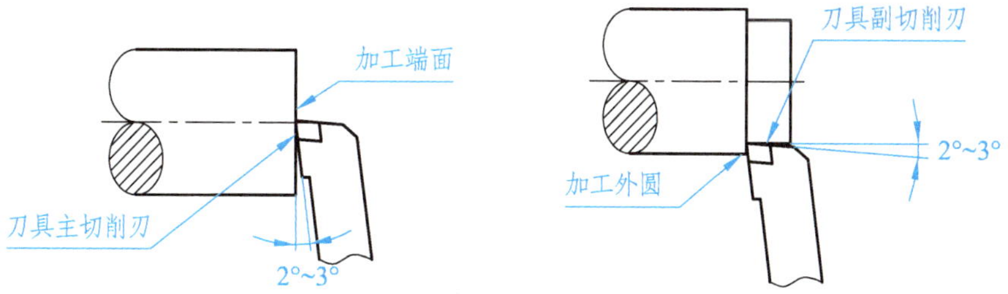

图 1-41　车刀安装的几何角度

四、金属的车削加工

金属的车削加工就是利用切削刀具在车床上从金属工件上切除多余的材料。

1. 车削运动

车削时，为了切除多余的金属，使工件和车刀产生相对的运动称为车削运动。按其作用划分，车削运动可分为主运动和进给运动两种，如图 1-42 所示。

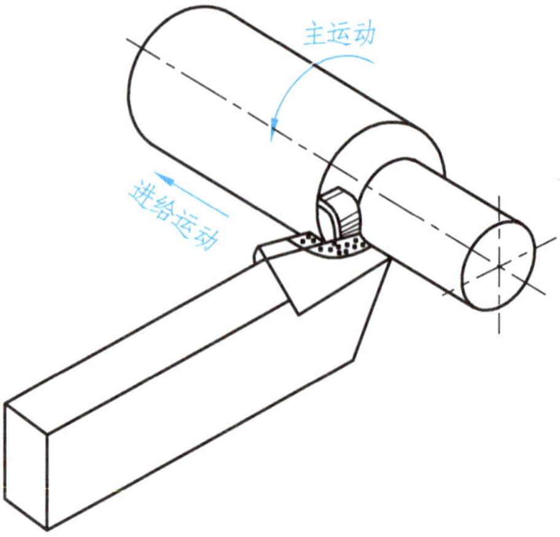

图 1-42　车削运动

1）主运动

主运动是形成机床切削速度或消耗主要动力的切削运动。车削时工件的旋转运动是主运动。通常主运动的速度较高。

2）进给运动

进给运动是使工件的多余材料不断被切除的切削运动，如车外圆的纵向进给运动，车端面时的横向进给运动等。

2. 已加工表面、过渡表面和待加工表面

图 1-43 所示，在车削运动中，工件上会形成已加工表面、过渡表面和待加工表面。已加工表面是工件上经车刀车削后产生的新表面。过渡表面是工件上由切削刃正在形成的那部分表面。待加工表面是工件上有待切除的表面。

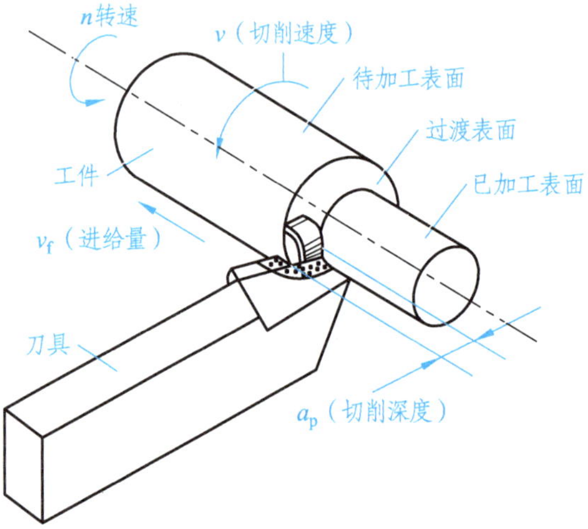

图 1-43　加工表面

3. 金属的车削形式

如图 1-44 所示，金属的车削形式有车外圆、车端面、车沟槽、车圆锥、车螺纹等。

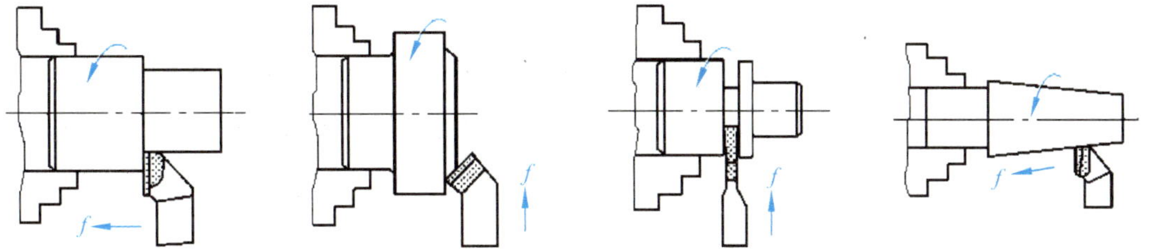

（a）车外圆　（b）车端面　（c）车沟槽　（d）车圆锥

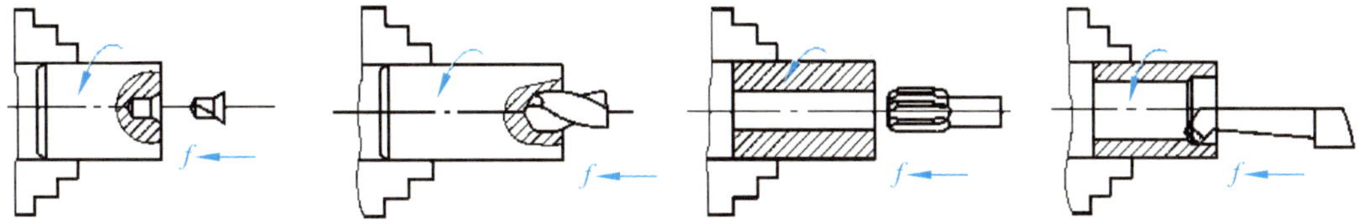

（e）钻中心孔　（f）钻孔　（g）铰孔　（h）镗孔

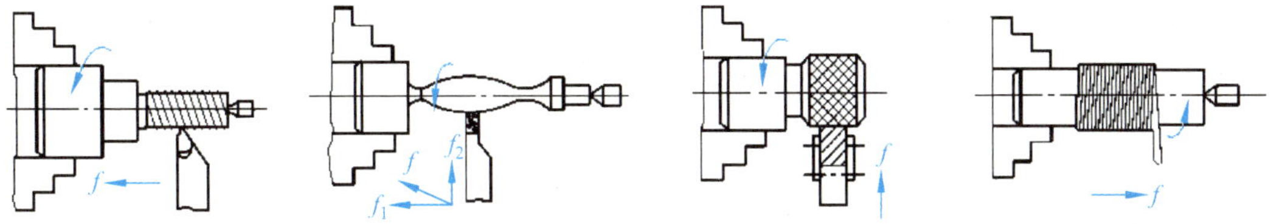

（i）车螺纹　（j）车成形面　（k）滚花　（l）绕弹簧

图 1-44　金属的车削形式

> **【思考】**
>
> 项目一的车削加工形式有哪些？

五、切削用量三要素的计算

切削用量是表示主运动及进给运动大小的参数，是背吃刀量、进给量和切削速度三者的总称，所以把这三者称为切削用量三要素。

1. 背吃刀量 a_p

工件上已加工表面和待加工表面间的垂直距离称为背吃刀量。背吃刀量是每次进给时车刀切入工件的深度，故又称为切削深度。车外圆时，背吃刀量可用以下公式计算：

$$a_p = \frac{d_w - d_m}{2}$$

式中 a_p——背吃刀量，mm；

d_w——工件待加工表面直径，mm；

d_m——工件已加工表面直径，mm。

2. 进给量 f

工件每转一周，车刀沿进给方向移动的距离称为进给量，单位符号为 mm/r。根据进给方向的不同，进给量又可分为纵进给量和横进给量。纵进给量是指沿车床床身导轨方向的进给量，横进给量是指垂直于车床床身导轨方向的进给量。

3. 切削速度 v_c

车削时，刀具切削刃上选定点相对于工件主运动的瞬时速度称为切削速度。切削速度可用以下公式计算：

$$v_c = \frac{\pi dn}{1\,000} \approx \frac{dn}{318}$$

式中 v_c——切削速度，m/min；

d——工件（或刀具）的直径，一般取最大直径，mm；

n——车床主轴转速，r/min。

六、拟定切削加工工艺规程

机械加工工艺规程的制定可分为两个步骤，首先是拟定零件加工的工艺路线，然后再确定每一道工序的工序尺寸、所用设备、工艺装备、切削规范和工时定额等。这两个步骤是互相联系的，应进行综合分析。

【思考】

制定机械加工工艺规程的两个步骤为：__________和__________。

工艺路线的拟定是制定工艺过程的总体布局，其主要任务是选择各个表面的加工方法，确定各个表面的加工顺序，以及整个工艺过程中工序数目的多少等。工艺规程与要求如表 1-17 所示。

表 1-17　工艺规程与要求

名词	定义	说明
工艺规程	规定零件制造工艺过程和操作方法等的工艺文件	工艺规程直接影响产品质量、劳动生产率和经济效益。要求工艺规程在保证产品质量的前提下，尽量提高生产效率和降低成本，尽可能采用新工艺、新技术、新材料，保证操作工人具有良好、安全的劳动条件，并做到正确、完整、统一、清晰，符合国家标准
工艺规程的要求	工艺规程是指导工人操作，用于生产管理、工艺管理工作的主要技术文件，又是新产品投产前进行生产准备和技术准备的依据，是新建、扩建车间或工厂的原始资料	

【知识链接】

（1）工艺规程的原始资料：

① 产品的装配图样和零件图样。

② 产品的生产量。

③ 现有生产条件（毛坯原材料的性质、加工设备、工艺装备、技术工人的水平、专用设备和工艺装备的制造能力、生产协作关系等）。

④ 有关工艺资料、标准、图册。

⑤ 国内外有关资料、技术发展状况。

（2）拟定工艺规程的步骤：

① 分析零件图（从工艺角度，审查零件图样的视图、尺寸、公差、技术要求的完整性与正确性，加工要求的合理性，零件结构的工艺性等）。

② 确定毛坯（考虑的因素有：零件的力学性能要求，零件的结构形状和尺寸，生产类型，现场生产条件等）。

③ 拟定工艺路线（主要内容有：定位基准的选择、表面加工方法的选择、加工顺序的安排、加工设备和工艺设备的选择等内容；同时要考虑：零件轮廓的尺寸与机床加工尺寸的范围相适应，机床精度与工序精度相适应，机械生产效率与零件生产类型相适应，机械加工要求与现有加工条件相适应）。

④ 工序设计（主要内容有：确定各工序的加工内容与余量，确定切削用量，确定工序尺寸及公差，确定时间定额等）。

⑤ 填写工艺文件，将制定的工艺过程各项内容填入一定格式的卡片中。

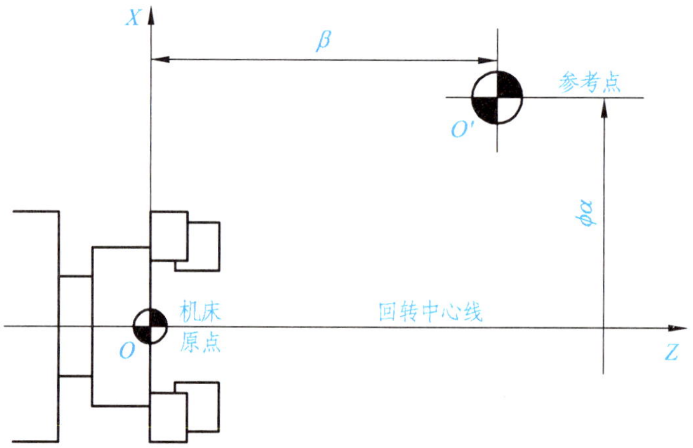

图 1-48　机床坐标系

数控车床在开机后首先要进行回参考点（或称回零点）操作。机床在通电之后，返回参考点之前，不论刀架处于什么位置，只有完成了返回参考点操作后，即建立了机床坐标系。

3. 工件坐标系

编程人员在编写零件加工程序时通常要选择一个工件坐标系，也称编程坐标系，程序中的坐标值均以工件坐标系为依据。

工件坐标系的原点可由编程人员根据具体情况确定，一般设在图样的设计基准或工艺基准处。根据数控车床的特点，工件坐标系原点通常设在工件左、右端面的中心或卡盘前端面的中心。

三、数控加工程序

1. 数控程序的结构

一个完整的数控程序都是由程序名、程序内容和程序结束三部分组成的，如表 1-19 所示。

表 1-19　数控程序组成

完整的数控程序组成部分	程序单	说　明
第一部分	O0003	程序名。广数系统程序名是 O××××。“××××”是四位正整数，可以为 0001~9999，如 O0255
第二部分	N01 M03 S500 T0101	程序内容。程序内容是由若干个程序段组成的，表示数控机床要完成的全部动作
	N02 G0 X30 Z2	
	N03 X0	
	N04 G01 Z0 F60	
	N05…	
	N21 M05	
第三部分	N22 M30	程序结束。程序结束指令可以用 M30 或 M02

2. 程序段的格式

所谓程序段，就是为了完成某一动作要求所需程序字（简称字）的组合。程序段格式是指程序字在程序段中的顺序及书写方式的规定。

现在最常用的是使用地址字的程序段格式，地址字简称地址，在数控加工程序中是指位于程序字头的字符或字符组，用以识别其后的数据；在传递信息时，它表示其出处或目的地。在数控车床加工程序中常用的地址字有以下几种，如表 1-20 所示。

表 1-20　数控车床加工程序常用地址

代　号	含　义	说　明
N	顺序号字	顺序号字又称程序段号，一般位于程序段开头，它由地址字 N 及其后面的 1～4 位数字组成。顺序号字的数字可以不连续使用，也可以不从小到大使用；顺序号字不是程序段中的必用字，对于整个程序，可以每个程序段均有，也可以均没有，还可以部分程序段设有。顺序号字的作用：便于人们对程序做校对和检索修改；用于加工过程中的显示屏显示；便于程序段的复归操作，此操作又称“再对准”，如回到程序的中断处或加工从程序的中途开始的操作；主程序、子程序或宏程序中用于条件转向或无条件转向的目标
G	准备功能字	准备功能字的地址字是 G，所以又称 G 功能或 G 指令，它是设立机床工作方式或控制系统工作方式的一种命令。所以在程序段中 G 一般位于坐标尺寸字的前面。G 指令由字母 G 及其后面的两位数字组成，从 G00~G99 共 100 种代码
X、U、Y、V、Z、W、I、J、K、R	坐标尺寸字	坐标尺寸字在程序段中主要用来指令机床的刀具运动到达的坐标位置。坐标尺寸字是由规定的地址字及后续的带正、负号或带正、负号又有小数点的多位十进制数组成
F	进给功能字	进给功能字的地址字为 F，所以又称 F 功能或 F 指令。它的功能是指令切削的进给速度。现代数控机床一般都能使用直接指定方式（又称直接指定法），即可用 F 后的数字直接指定进给速度，方便用户编程。广数系统进给速度的进给量单位由 G98 和 G99 指定。G98 表示进给速度与主轴速度无关的每分钟进给量，单位为 mm/min；G99 表示与主轴速度有关的主轴每转进给量，单位为 mm/r。华中数控系统进给速度的进给量单位 mm/min 和 mm/r 分别由 G94 和 G95 指定
S	主轴转速功能字	主轴转速功能字主要来指定主轴转速或速度，单位为 r/min 或 m/min
T	刀具功能字	刀具功能字用地址字 T 及之后的数字代码表示，它主要用来指令加工中所用刀具号及自动补偿的编组号，其自动补偿内容主要指刀具的刀位偏差或长度补偿及刀具半径补偿。格式：T□□○○（□□表示目标刀具号 01~32）；○○表示刀具偏置号 00~32，如 T0101、T0102、T0103
M	辅助功能字	辅助功能又称 M 功能或 M 指令，与 G 指令一样，M 指令由字母 M 及其后的两位数字组成，从 M00~M99 共 100 种
;	结束符号	FANUC 系统程序段结束需要插入程序结束符，广数系统可省略或换行自动生成

3. 模态、非模态和初态代码

G 代码执行后，后续的程序段不需要再次输入该 G 代码，其定义的功能或状态保持有效，直到被同组的其他 G 代码改变，这种 G 代码称为模态 G 代码。G 代码执行后，其定义的功能或状态一次性有效，每次执行该 G 代码时，必须重新输入该 G 代码，这种 G 代码称为非模态 G 代码。系统上电后，未经执行其功能或状态就有效的模态 G 代码称为初态 G 代码。上电后不输入 G 代码时，按初态代码执行。表 1-21 为广数 980TDi 系统常用准备功能指令。

表 1-21　广数 980TDi 系统常用准备功能指令

指令字	功　能	备　注
G00 X(U) _ Z(W) _;	快速移动	初态 G 代码
G01 X(U)_ Z(W)_ F_;	直线插补	模态 G 代码
G02 X(U)_ Z(W)_R_F_或 G02 X(U)_ Z(W)_I_K_F;	顺时针圆弧插补	
G03 X(U)_ Z(W)_R_F_或 G03 X(U)_ Z(W)_I_K_F_;	逆时针圆弧插补	
G05(G05.1) X(U)__ Z(W)__ I__ K__ F__;	三点圆弧插补	
G6.2 X(U)__ Z(W)__ A__ B__ Q__;	顺时针椭圆插补	
G6.3 X(U)__ Z(W)__ A__ B__ Q__;	逆时针椭圆插补	
G7.2 X(U)__ Z(W)__ P__ Q__;	顺时针抛物线插补	
G7.3 X(U)__ Z(W)__ P__ Q__;	逆时针抛物线插补	
G32 X(U)_ Z(W)_ F(I)_;	螺纹切削	
G32.1 X(U)__ Z(W)__ C(H)__F(I)__;	刚性螺纹切削	
G32.2 X(U)__ Z(W)__ R__ F__;	顺时针圆弧螺纹切削	
G32.3 X(U)__ Z(W)__ R__ F__;	逆时针圆弧螺纹切削	
G33 Z(W)__ F(I)__ L__;	Z 轴攻丝循环	
G34 X(U)__ Z(W)__ F(I)__ R__;	变螺距螺纹车削	
G90 X(U)__ Z(W)__ R__ F__;	轴向切削单一循环	
G92 X(U)_ Z(W)_ R_ F(I)_ L_;	螺纹切削单一循环	
G92.1 X(U)_ Z(W)_ R_ F(I)_ L_;	刚性螺纹切削循环	
G83 X(U)__ C(H)__ Z(W)__ P__ Q__ R__ F__ K__ M__;	轴向钻孔循环	
G84 X(U)__ C(H)__ Z(W)__ P__ F(I)__ K__M__;	轴向刚性攻丝	
G87 Z(W)__ C(H)__ X(U)__ P__ Q__ R__ F__ K__ M__;	径向钻孔循环	
G88 Z(W)__ C(H)__ X(U)__ P__ F(I)__ K__ M__;	径向刚性攻丝	
G94 X(U)__ Z(W)__ R__ F__;	径向切削循环	
G04 P__；或 G04 X__；或 G04 U__;	进给保持、暂停（准停）	非模态 G 代码
G28 X(U) __ Z(W) __;	返回机床第 1 参考点	
G30 P2 X（U）__ Z（W）__; G30 P3 X（U）__ Z（W）__; G30 P4 X（U）__ Z（W）__;	返回机床第 2、3、4 参考点	

续表

指令字	功　能	备　注
G50 X(U)__ Z(W)__；	坐标系设定	
G50 S__；	恒线速控制时的主轴最高转速限制值（r/min）	
G52 X(U)__ Z(W)__；	局部坐标系设定	
G65	宏代码	
G70 P(ns) __ Q(nf) __；	精加工循环	
G71 U(Δd) __ R(e) __； G71 P(ns) __ Q(nf) __ U(Δu) __ W(Δw) __ F__ S__ T__；	轴向粗车循环	
G72 W(Δd) __ R(e) __； G72 P(ns) __ Q(nf) __ U(Δu) __ W(Δw) __ F__ S__ T__；	径向粗车循环	
G73 U(Δi) __ W (Δk) __ R (d) __； G73 P(ns) __ Q(nf) __ U(Δu) __ W(Δw) __ F__ S__ T__；	封闭切削循环	
G74 R(e) __； G74 X(U) __ Z(W) __ P(Δi) __ Q(Δk) __ R(Δd) __ F__；	轴向切槽循环	
G75 R(e) __； G75 X(U) __ Z(W) __ P(Δi) __ Q(Δk) __ R(Δd) __ F__；	径向切槽循环	
G76 P(m) __ (r) __ (a) __ Q(Δdmin) __ R(d) __； G76 X(U) __ Z(W) __ R(i) __ P(k) __ Q(Δd) __ F(I) __；	螺纹切削循环	
G78 P(m) __ (r) __ (a) __ Q(Δdmin) __ R(d) __ D_ L_ E_； G78 X(U) __ Z(W) __ R(i) __ P(k) __ Q(Δd) __ F(I) __；	增强型螺纹切削循环	
G20	英制单位选择	模态 G 代码
G21	公制单位选择	
G96 S__；	恒线速开（恒线速控制有效）	
G97 S__；	恒线速关（恒线速控制取消）	初态 G 代码
G98 F__；	每分钟进给（mm/min）	
G99 F__；	每转进给（mm/r）	模态 G 代码
G40	取消刀尖半径补偿	初态 G 代码
G41 G00 X(U)_ Z(W)_或 G41 G01 X(U)_ Z_(W) F_	刀尖半径左补偿	模态 G 代码
G42 G00 X(U)_ Z(W)_或 G42 G01 X(U)_ Z_(W) F_	刀尖半径右补偿	
G66	宏程序模态调用	非模态 G 代码
G67	取消宏程序模态调用	

续表

指令字	功　能	备　注
G54	工件坐标系 1	模态 G 代码
G55	工件坐标系 2	
G56	工件坐标系 3	
G57	工件坐标系 4	
G58	工件坐标系 5	
G59	工件坐标系 6	
G80	钻孔循环取消	非模态 G 代码
G17	XY 平面	模态代码
G18	ZX 平面	初态代码
G19	YZ 平面	模态代码
G12.1	建立极坐标插补	非模态代码
G16	指定极坐标编程	
G15	取消极坐标编程	
G13.1	极坐标插补取消	

4. 辅助功能

辅助功能如表 1-22 所示。

表 1-22　辅助功能

代　码	功　能	说　明	备　注
M00	程序暂停	执行 M00 代码，运行程序将暂停，再按循环启动按键，加工程序继续运行	
M01	选择性暂停	M01 代码由面板的选择停按键来控制	当选择停指示灯 ON 时，执行至 M01 代码，运行程序将暂停；当选择停指示灯 OFF 时，M01 代码无效
M02	程序结束	执行 M02 代码，自动运行结束，光标不返回程序开头	
M03	主轴正转	该指令使主轴正转，主轴转速由主轴转速功能字 S 指定，如某程序为“N01 M03 S500”，则它的意义为主轴以 500 r/min 的转速正转	
M04	主轴反转	该指令使主轴正转，与 M03 相似	
M05	主轴停止	在 M03 或 M04 指令作用后可以用 M05 使主轴停止	
M06	自动换刀	该指令为自动换刀指令，用于电动控制刀架或多轴转塔刀架的自动换刀	

续表

代码	功能	说明	备注
M08	切削液开	该指令使切削液开启	
M09	切削液关	该指令使切削液停止供给	
M29	刚性攻丝开始	执行 M29 代码，系统进入刚性攻丝模式	
M30	程序运行结束	执行 M30 代码，自动运行结束，光标返回程序开头	
M98 P○○○○ □□□□	调用子程序	在自动方式下，执行 M98 代码时，当前程序段的其他代码执行完成后，CNC 去调用执行 P 指定的子程序，子程序最多可执行 9 999 次	○○○○表示被调用的子程序号；□□□□表示调用子程序的次数
M99 P○○○○	子程序返回	子程序中最后一段必须指定 M99 或 M99 P	○○○○表示返回主程序将被执行的程序段号，省略 P 值时为返回主程序中调用段（M98）的下一段
M9000~M9999	宏程序调用	调用与代码值对应的宏程序（O9000 ~ O9999）	

四、编程规则

1. 绝对值编程和增量值编程

数控车床编程时，可以采用绝对值编程、增量值（也称相对值）编程或混合值编程。绝对值编程是根据已设定的工件坐标系计算出工件轮廓上各点的绝对坐标值进行编程的，程序中常用 X、Z 表示。

增量值编程是用相对前一个位置的坐标增量来表示坐标值的编程方法，程序中用 U、W 表示，其正负由行程方向确定，当行程方向与工件坐标轴方向一致时为正，反之为负。混合编程是将绝对值编程和增量值编程混合起来进行编程的方法。

【例题讲解】

如图 1-49 所示，刀具从起点 *A* 到终点 *B* 的绝对、增量和混合编程值为多少？

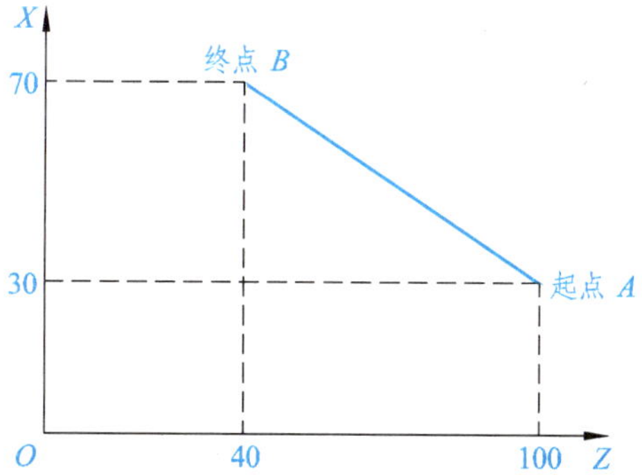

图 1-49 *A*、*B* 点坐标

解：绝对值编程为 X70.0 Z40.0；
增量值编程为 U40.0 W－60.0；
混合编程为 X70.0 W－60.0；或 U40.0 Z40.0。

2. 直径编程和半径编程

因为车削零件的横截面一般为圆形，所以 X 轴尺寸有直径指定和半径指定两种方法。用直径指定时称为直径编程，用半径指定时称为半径编程。具体是用直径指定还是半径指定，可以用参数设置。注意：

（1）在后面的编程中，凡是没有特别指出是直径编程还是半径编程，均为直径编程。

（2）当切削外径时，用直径指定，位置偏置值的变化量与零件外径的直径变化量相同。当用直径指定时，刀具补偿量变化 10 mm，则零件外径的直径也变化 10 mm。

3. 小数点编程

控制系统可以输入带小数点的数值，对于表示距离、时间和速度单位的指令值可以使用小数点。小数点的位置是毫米、英寸、秒或度的位置。但是某些地址不能用小数点。可以用小数点输入的地址有：X，Y，Z，I，J，K，R，F，U，V，W，A，B，C。

小数点表示法有计算器型和常用型两种类型。当用计算器型表示法时，不带小数点的值的单位为 mm。当用常用型表示法时，则认为是最小输入单位，即 0.001 mm。可以用参数选择常用型小数点输入或计算器型小数点输入。

模块六 结果与评价

一、三方评价

1. 小组评价

① 本组展示的产品符合技术标准吗？
合格□ 不良□ 报废□
② 与其他组相比，本组的产品工艺你认为：
工艺优化□ 工艺合理□ 工艺一般□
③ 本组介绍成果表达是否清晰？
很好□ 一般，常补充□ 不清晰□
④ 本组演示产品检测方法操作正确吗？
正确□ 部分正确□ 不正确□
⑤ 本组演示操作时遵循了“5S”的工作要求吗？
符合工作要求□ 忽略了部分要求□ 完全没有遵循□
⑥ 本组成员团队创新精神如何？
良好□ 一般□ 不足□
⑦ 总结这次任务，该组是否达到学习目标？本组的建议是什么？你给予本组的评分是多少？

⑧ 其他应注意的内容。

2. 自评小结

3. 教师评价（见表 1-23）

表 1-23　教师评价

评价项目	评价内容	评价等级			
		A	B	C	D
1	实训纪律、卫生、安全				
2	本课成绩				
本课记事					
日期		教师			

二、本课学习心得

三、习　题

1. 单项选择题

（1）零件图外圆轮廓线应该用（　　）。

A. 粗实线　B. 细实线　C. 双点画线　D. 虚线

（2）零件图中心线应该用（　　）。

A. 粗实线　B. 细实线　C. 虚线　D. 细点画线

（3）0~150 mm 游标卡尺精度为（　　）。

A. 0.2 mm　B. 0.1 mm　C. 0.05 mm　D. 0.02 mm

（4）下列属于有色金属的是（　　）。

A. 45#钢　B. Q235 钢　C. 铝　D. 不锈钢

2. 判断题

（1）高速钢刀具，适合用于高速车削。（　　）

（2）调质热处理就是：淬火 + 高温回火。（　　）

（3）G00 指令和 G01 指令都是模态指令，所以都可以在程序后面指定走刀速度“F”指令。（　　）

（4）外圆机夹式车刀，在安装刀具时可以不考虑刀具角度，可以随意装夹。（　　）

3. 填空题

（1）车刀的角度包括（　　　　）、（　　　　）、（　　　　）、（　　　　）、（　　　　）、（　　　　）。

（2）金属材料的性能包括（　　　　）、（　　　　）、（　　　　）、（　　　　）等。

（3）金属材料常用热处理方法包括（　　　　）、（　　　　）、（　　　　）、（　　　　）、（　　　　）。

项目二 台阶轴的车削加工

【知识目标】

（1）本项目涉及的相关理论知识；
（2）游标卡尺、千分尺等测量工具的读数；
（3）按要求自检、互检、师检，加工完后的现场管理；
（4）三方评价。

【技能目标】

（1）正确拟定加工工艺路线，确定切削三要素和加工方法；
（2）正确安装工件、车刀；
（3）正确进行程序的输入；
（4）工件坐标系的建立；
（5）量具的使用及测量读数；
（6）切削控制精度控制；
（7）正确遵循安全文明生产要求；
（8）G00/G01 指令的正确运用。

【素养目标】

（1）具有事业心和责任感，爱岗敬业，乐于奉献；
（2）具有安全、文明生产及环境保护意识。

模块一 任务引入

【加工图】

零件加工图如图 2-1 所示。

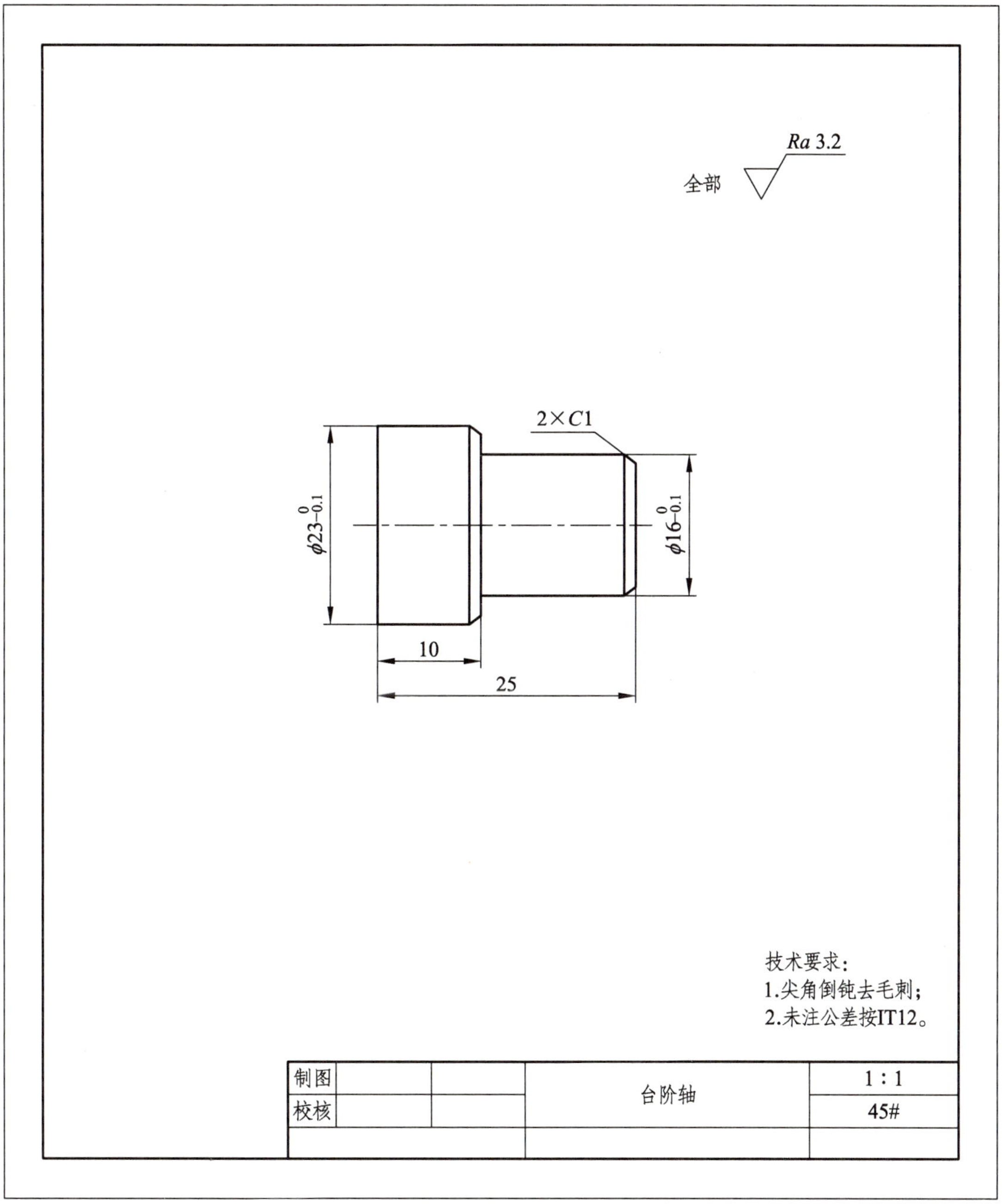

图 2-1 零件加工图

【学习活动】

活动一：图纸分析；

活动二：相关知识学习；

活动三：查找资料，收集本任务所需要的信息；

活动四：制订工作计划；

活动五：过程考核评价；

活动六：三方总结、点评。

【学习地点】

数控车实训中心。

【学习课时】

12 学时。

模块二 相关知识

一、快速定位指令 G00

指令格式：

G00 X(U)___Z(W)___

程序中各地址段含义：

X、Z 为目标点（刀具运动的终点）的绝对坐标；

U、W 为目标点（刀具运动的终点）的增量坐标。

指令使用说明：

① G00 指令使刀具快速从当前位置移动到另一指定位置，如图 2-2 中 *A* 点至 *B* 点，运动速度由机床系统指定，不用在程序中给定；

② 刀具在执行 G00 时只能在零件外运动，不能用于零件车削加工；

③ G00 的走刀轨迹随系统的不同而有所区别，一般是直接由刀具的起点沿直线运动到终点，在编程时要注意走刀路线不能与零件或夹具相碰。

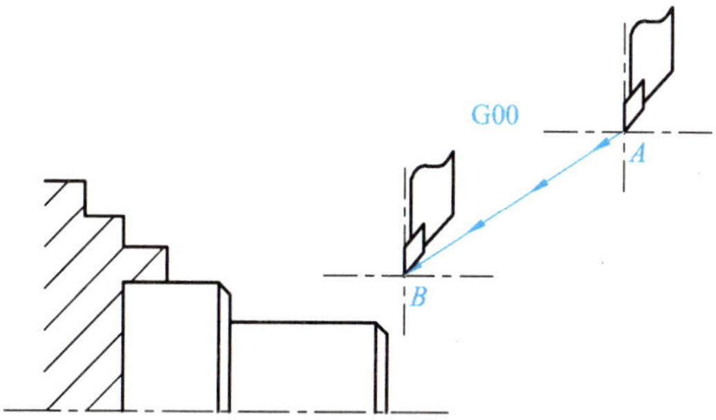

图 2-2 定位指令 G00

二、直线插补指令 G01

指令格式：

G01 X(U)___Z(W)___F___

程序中各地址段含义：

X、Z 为目标点（刀具运动的终点）的绝对坐标；

U、W 为目标点（刀具运动的终点）的增量坐标；

F 为进给量（单位为 mm/r 或 mm/min，本书均以 mm/min 为单位，以下不再说明）。

指令使用说明：

① G01 用于零件表面或内孔的直线移动加工，如图 2-3 中 *C* 点至 *D* 点，进给速度由编程者在程序中指定；

② G01 可以用于内、外圆柱，圆锥面，端面，槽，倒角等的加工。

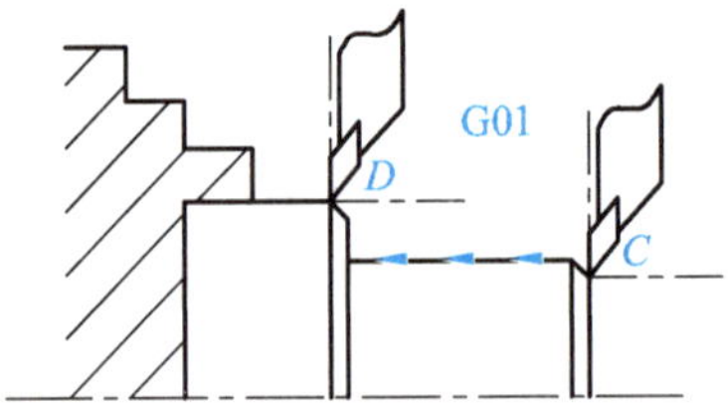

图 2-3　插补指令 G01

【思考】

如何确定本项目工件坐标系的位置？图 2-4 中 *ABCDE* 坐标点的 *X* 值和 *Z* 值为多少？将数值填入表 2-1 中。

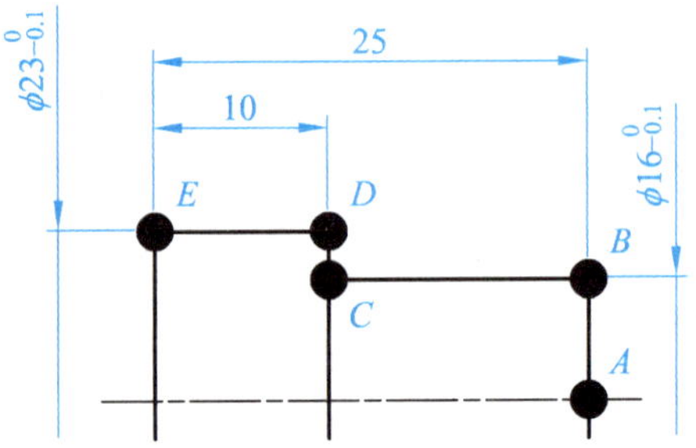

图 2-4　零件坐标点

表 2-1　坐标数值

坐标轴	坐标点				
	A	*B*	*C*	*D*	*E*
X					
Z					

三、技术要求知识

技术要求知识如表 2-2 所示。

表 2-2　技术要求知识

内　容	技术要求说明	含　义
全部 $\sqrt{Ra\,3.2}$	被加工表面表面粗糙度全部为 *Ra*3.2	表面粗糙度指加工表面具有较小间距和微小峰谷的不平度（两波峰或两波谷之间的波距大小）
$\phi16_{-0.1}^{0}$ $\phi23_{-0.1}^{0}$	2 处外径尺寸的公差要求	直径、尺寸公差标注。尺寸公差是对要求的尺寸允许变化的范围。只要得到的实际尺寸在允许的变化范围内（公差值以内），尺寸就是合格的，能满足使用要求

续表

内　容	技术要求说明	含　义
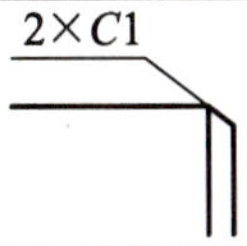	2 处 1 mm×45°倒角	倒角标注
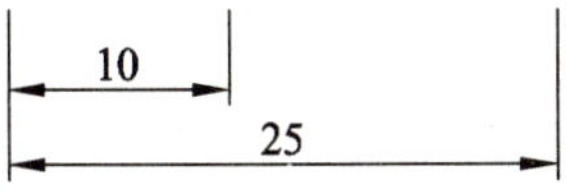	10、25 为未注公差尺寸，按技术要求中的要求，以 IT12 公差加工	未注公差就是“没有标注的公差”，“没有标注的公差”不是没有公差，是有公差的，只是这个公差比较大，可以不标注，一般在技术要求中说明
技术要求： 1. 未注倒角去毛刺； 2. 未注公差按 IT12	其他技术要求	图中未注明的其他技术要求用文字说明。未注倒角去毛刺或图纸中未画出倒角、未标明尖角且在技术要求中未作约定的，以不伤手为原则倒角，倒角大小最大不超过 0.3 mm

【思考】

1. 本项目台阶轴是由哪些形状组成的？

2. 安全知识

（1）上岗前，必须穿戴好（　　　　）、（　　　　），严禁戴（　　　　）操作机床。

（2）开车前须先检查机床各部位（　　　　）、安全装置等情况是否良好，进行空运转（　　　　）分钟（冬季______分钟），情况正常后，方可工作。操作时必须站在（　　　）上，并保证（　　　）。

（3）测量工件时，要（　　　　　）。

3. 切削三要素包括哪些？

4. 测量外圆的方法有哪些？

模块三　任务实施

一、制订工作计划（见表 2-3）

表 2-3　工作计划

阶段	任务分配	计划工作内容	预计用时	实际用时	负责人
1	小组全体成员	分析图纸、尺寸			
2	小组全体成员	拟定工艺规程			
3	小组全体成员	分解工作内容			
4	编程员（分工）	编制程序			
5	操作员（分工）	零件装夹、刀具准备			
6	工艺员（分工）	工艺编写			
7	小组全体成员	共同测量			

二、编制工艺卡（见表 2-4）

表 2-4　工艺卡

<table>
<tr><td>加工轨迹图样（绘制草图）</td><td colspan="6"></td></tr>
<tr><td colspan="7">编制工艺文件</td></tr>
<tr><td rowspan="2">院校</td><td rowspan="2"></td><td colspan="2" rowspan="2">机械加工工艺过程卡片</td><td colspan="2">项目名称</td><td>编号</td></tr>
<tr><td colspan="2"></td><td></td></tr>
<tr><td colspan="2">备料</td><td></td><td colspan="2">材料牌号</td><td colspan="2"></td></tr>
<tr><td>工序号</td><td>工序名称</td><td>工序内容</td><td>组</td><td>设备</td><td>夹具</td><td>工时</td></tr>
<tr><td></td><td></td><td></td><td></td><td></td><td></td><td></td></tr>
<tr><td></td><td></td><td></td><td></td><td></td><td></td><td></td></tr>
<tr><td></td><td></td><td></td><td></td><td></td><td></td><td></td></tr>
<tr><td></td><td></td><td></td><td></td><td></td><td></td><td></td></tr>
</table>

三、刀具的选择（见表 2-5）

表 2-5　刀具选择

刀具名称	图示	刀具名称	图示
80°外圆车刀		60°外圆车刀	
35°外圆车刀		35°仿形车刀	
外螺纹车刀		外形切槽刀	
外形圆弧切槽刀		端面切槽刀	
80°内孔车刀	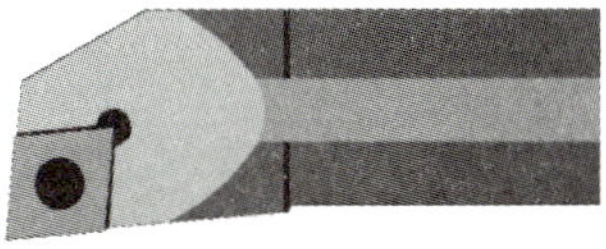	60°内孔车刀	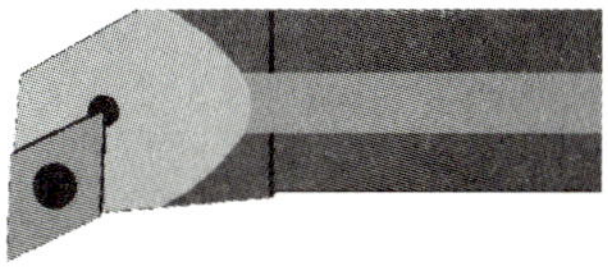
内孔螺纹车刀	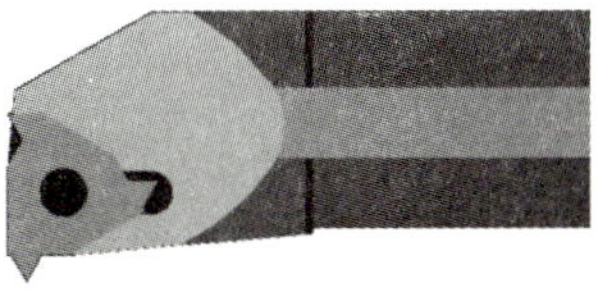	内孔沟槽车刀	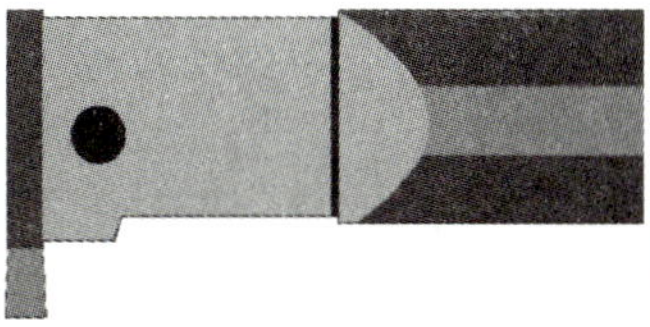

续表

工序号	最佳使用的刀具	刀具使用的规格	可用刀具 1	可用刀具 2

四、量具的选择（见表 2-6）

表 2-6　量具选择

量具名称	图示	量具名称	图示
外径千分尺	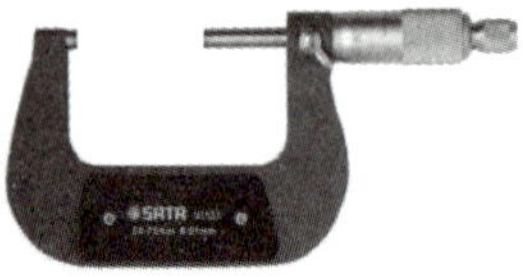	公法线千分尺	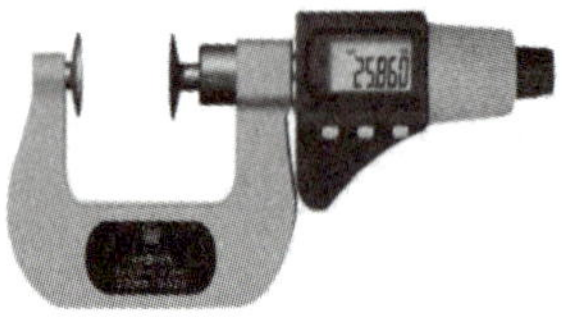
内径两点千分尺	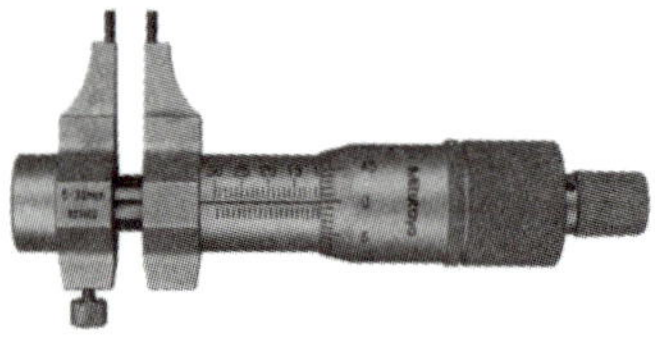	内径沟槽千分尺	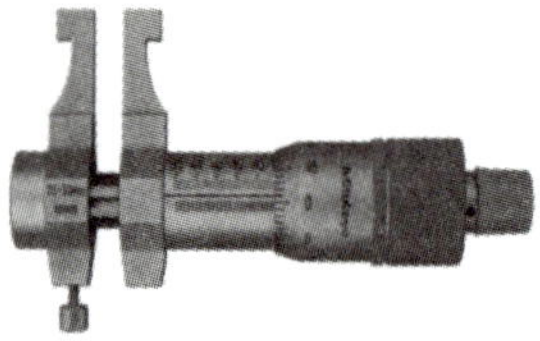
深度千分尺		游标卡尺	
测量块		螺纹环规	
百分表		光滑塞规	

续表

量具名称	图示	量具名称	图示
叶片千分尺		三点内径千分尺	

工序号	最佳使用的量具	量具使用的量程规格	可用量具 1	可用量具 2

五、切削要素的选择（见表 2-7）

表 2-7　切削要素的选择

工序号	主轴转速 /（r/min）	切削速度 /（m/min）	进给量 /（mm/r）	背吃刀量 /mm	材料	设备	刀具
	参考用量 200~400	参考用量 10~50	参考用量 0.05~0.30	参考用量 0.1~2			
1	粗加工	粗加工	粗加工	粗加工			
	精加工	精加工	精加工	精加工			
2	粗加工	粗加工	粗加工	粗加工			
	精加工	精加工	精加工	精加工			
3	粗加工	粗加工	粗加工	粗加工			
	精加工	精加工	精加工	精加工			
4	粗加工	粗加工	粗加工	粗加工			
	精加工	精加工	精加工	精加工			
备注							

六、编制程序卡

程序名：

七、实训过程（见表 2-8）

表 2-8　实训过程

	项目	内容	完成打"√"	是否正确完成，正确打"√"，不正确打"×"	异常（或不正确）记录
实训前	1	检查机床设备是否正常			
	2	主轴旋转预热 2 min			
	3	安装刀具			
	4	程序输入			
	5	建立工件坐标系			
	6	量具的校对			
加工中尺寸的记录	尺寸	粗加工或半精车测量的尺寸	输入机床的磨损数值	精加工测量的尺寸	异常（或不正确）记录
车削情况记录	内容	加工正常打"√"	加工不正常打"×"	异常（或不正确）记录	解决办法
实训结束	项目	内容	完成打"√"	是否正确完成，正确打"√"，不正确打"×"	异常（或不正确）记录
	1	零件质量的自检			
	2	设备、仪器的整理			
	3	现场环境的卫生打扫			

模块四　结果与评价

一、评分标准（见表 2-9）

表 2-9　评分标准

<table>
<tr><td colspan="2">学生班级</td><td colspan="2"></td><td>学生姓名</td><td colspan="4"></td></tr>
<tr><td>序号</td><td>项目</td><td>检测内容</td><td>配分</td><td>评分标准</td><td>实训结果</td><td>教师复查</td><td>扣分</td><td>得分</td></tr>
<tr><td rowspan="2">1</td><td rowspan="2">外　圆</td><td>$\phi16_{-0.1}^{\ 0}$</td><td>30</td><td>超差 0.02
扣 5 分</td><td></td><td></td><td></td><td></td></tr>
<tr><td>$\phi23_{-0.1}^{\ 0}$</td><td>30</td><td>超差 0.02
扣 5 分</td><td></td><td></td><td></td><td></td></tr>
<tr><td rowspan="2">2</td><td rowspan="2">长　度</td><td>10</td><td>15</td><td>超差 0.05
扣 5 分</td><td></td><td></td><td></td><td></td></tr>
<tr><td>25</td><td>15</td><td>超差 0.05
扣 5 分</td><td></td><td></td><td></td><td></td></tr>
<tr><td>3</td><td>粗糙度</td><td>$Ra3.2$</td><td>10</td><td>等级超差
无分</td><td></td><td></td><td></td><td></td></tr>
<tr><td>4</td><td>文明
生产</td><td colspan="3">发生重大事故取消加工资格；按照有关规定每违反一项，从总分中扣除 3～50 分</td><td></td><td></td><td></td><td></td></tr>
<tr><td>5</td><td>其他
项目</td><td colspan="3">工件必须完整，工件局部无缺陷（如夹伤、划痕等），可根据零件酌情扣除</td><td></td><td></td><td></td><td></td></tr>
<tr><td>6</td><td>加工
时间</td><td colspan="3">此项目加工时间为 20 min/（人・件），每超 1 min 从总分中扣除 1 分</td><td></td><td></td><td></td><td></td></tr>
<tr><td>记事（若有不文明生产或安全事故记录于此）</td><td colspan="8"></td></tr>
<tr><td>开始
时间</td><td colspan="5">开始：　　时　　分；　　　　结束：　　时　　分</td><td>总分</td><td colspan="2"></td></tr>
<tr><td colspan="2">复检学生</td><td></td><td>抽检教师</td><td></td><td colspan="2">日期</td><td colspan="2"></td></tr>
</table>

二、三方评价

小组评价	① 本组展示的产品符合技术标准吗？ 合格□　　不良□　　报废□ ② 与其他组相比，本组的产品工艺你认为： 工艺优化□　　工艺合理□　　工艺一般□ ③ 本组介绍成果表达是否清晰？ 很好□　　一般，常补充□　　不清晰□ ④ 本组演示产品检测方法操作正确吗？ 正确□　　部分正确□　　不正确□ ⑤ 本组演示操作时遵循了“5S”的工作要求吗？ 符合工作要求□　　忽略了部分要求□　　完全没有遵循□ ⑥ 本组成员团队创新精神如何？ 良好□　　一般 □　　不足□ ⑦ 总结这次任务，该组是否达到学习目标？本组的建议是什么？你给予本组的评分是多少？其他应注意哪些内容？
自我评价	① 你的产品符合技术标准吗？ 合格□　　不良□　　报废□ ② 你的产品工艺你认为： 工艺优化□　　工艺合理□　　工艺一般□ ③ 你操作时遵循了“5S”及安全操作规程的工作要求吗？ 符合工作要求□　　忽略了部分要求□　　完全没有遵循□ ④ 学完本课你达到学习目标了吗？ 良好□　　一般□　　不足□ ⑤ 通过实训你有哪些不足？
教师评价	① ______________学生本课作品成绩。 A+□　　A-□　　B+□　　B-□ C+□　　C-□　　D+□　　D-□ ② 教师评语。

三、习 题

1. 单项选择题

（1）车削是工件旋转做主运动，（ ）做进给运动的切削加工方法。

A. 工件旋转 B. 刀具旋转 C. 车刀 D. 工件直线移动

（2）常用润滑油有机械油及（ ）等。

A. 齿轮油 B. 石墨 C. 二硫化钼 D. 冷却液

（3）刀具功能是用字母 T 和其后的（ ）数字来表示。

A. 三位 B. 二位 C. 四位 D. 任意

（4）精车时，为减小（ ）与工件的摩擦，保持刃口锋利，应选择较大的后角。

A. 基面 B. 前刀面 C. 后刀面 D. 主截面

2. 判断题

（1）通常刀具材料的硬度越高，耐磨性越好。（ ）

（2）同一基本尺寸，公差值越大，公差等级越高。（ ）

（3）数控车床结构大为简化，精度和自动化程度大为提高。（ ）

（4）切削液分为水溶液切削液、油溶液切削液两大类。（ ）

3. 填空题

（1）夹具夹紧力的装置的确定应包括夹紧力的（ ）、（ ）和（ ）三个要素。

（2）数控机床坐标轴的移动方式有（ ）、（ ）、（ ）三种。

（3）刀具磨损过程分为三个阶段，它们是（ ）、（ ）和（ ）阶段。

（4）机床夹具按通用化程度，可分为（ ）夹具、（ ）夹具和（ ）夹具等。

项目三 锥度轴的车削加工

【知识目标】

（1）本项目涉及的专业理论知识；

（2）本项目涉及的设备、刀具、工量具等；

（3）掌握锥度的车削方法；

（4）掌握锥度的正确编程方法；

（5）加工完后的现场管理；

（6）按要求自检、互检、师检；

（7）自我总结，教师评价；

（8）与项目相关的专业理论试题。

【技能目标】

（1）正确拟定加工工艺路线（确定切削三要素、加工方法、切削控制精度）；

（2）正确安装工件、车刀，以及工量具的正确使用；

（3）正确进行程序的输入和运行（本项目所涉及的程序指令）；

（4）锥度的正确计算；

（5）G00/G01 指令的正确运用。

【素养目标】

（1）具有事业心、责任感和团队协作意识，爱岗敬业；

（2）具有安全、文明生产及环境保护意识。

模块一 任务引入

【加工图】

零件加工图如图 3-1 所示。

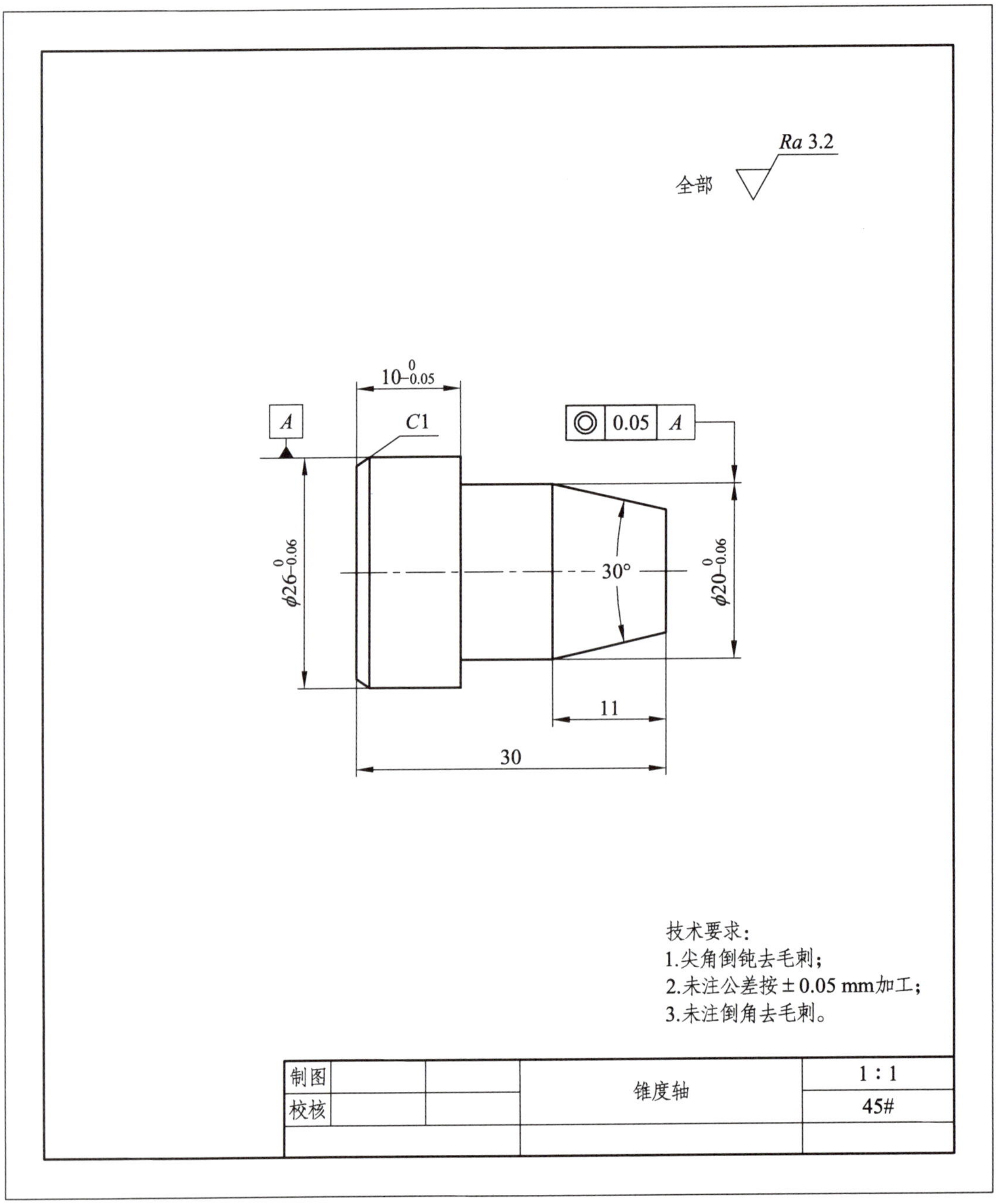

图 3-1 零件加工图

【学习活动】

活动一：图纸分析；

活动二：相关知识学习；

活动三：查找资料，收集本任务所需要的信息；

活动四：制订工作计划；

活动五：过程考核评价；

活动六：三方总结、点评。

【学习地点】

数控车实训中心。

【学习课时】

12 学时。

模块二　相关知识

一、编程理论知识

1. 操作要点

（1）锥面的加工常有 4 种方法：① 平行法；② 车锥法；③ 阶梯法；④ 用循环指令加工。本模块主要介绍前两种方法，如图 3-2 所示。

（2）合理选择 A、B、C、D 的位置，保障切削余量的均匀。

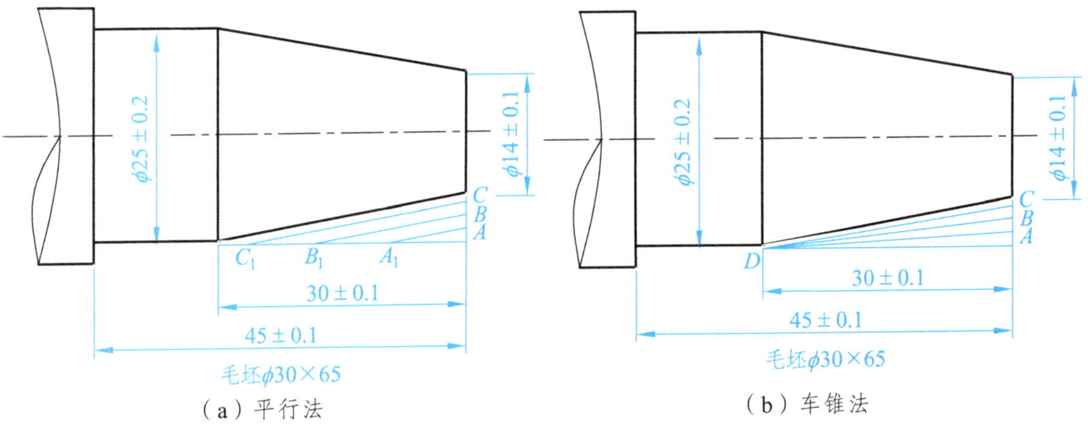

图 3-2　锥面的加工方法

2. 锥面加工中的必要知识

1）锥度的换算

有的零件在标注时，并未直接把锥面的大、小径和长度标注完全，只有通过给出的圆锥的锥度才能计算得出。

如图 3-3 所示，圆锥的锥度为

$$C=\frac{D-d}{L}$$

式中　D——圆锥大端直径；

d——圆锥小端直径；

L——圆锥面长度；

C——锥度。

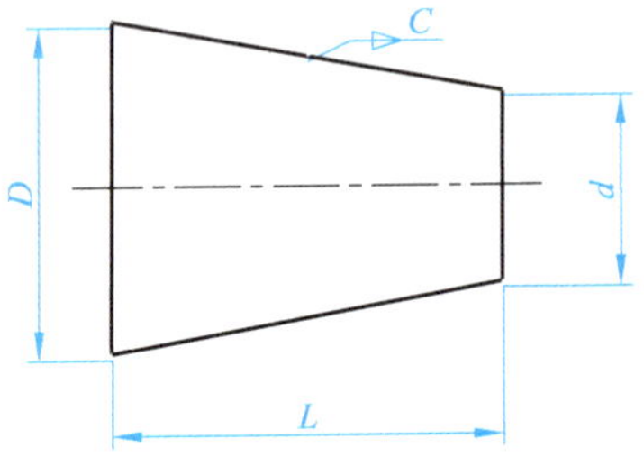

图 3-3　锥度的换算

2）平行法中点的位置

平行法加工所留精车余量均匀，一般作为加工要求较高的锥面。

如图 3-2（a）所示，加工中，先把 ϕ25 外圆粗车到 ϕ25.5 mm，留下 0.5 mm 的精车余量。锥面粗车计划用 3 刀完成，小端粗加工至 ϕ14.5 mm，因此 A、B、C 的 X 值分别为 22.5 mm、18.0 mm、14.5 mm。在 Z 方向上也同时分成 3 刀完成，长度方向不留精车余量，车足 30 mm，因此 $A_1B_1C_1$ 的 Z 值分别为 −10 mm、−20 mm、−30 mm。

3）车锥法中点的位置

车锥法中点的位置计算简单，但精加工时精车余量不均匀，一般用于要求不高的零件加工中。

如图 3-2（b）所示，仍然是先把 ϕ25 外圆粗车到 ϕ25.5 mm，留下 0.5 mm 的精车余量，所有余量也是采用 3 刀完成，但加工中，改变的只有起点的位置，而终点位置不变，终点坐标为（X25.5，Z－30），其他几点 *A*、*B*、*C* 的 *X* 值分别为 22.5 mm、18.0 mm、14.5 mm。

二、内外圆固定单一循环指令 G90

1. 指令格式

G90 X（U）___ Z（W）___ R___ F___

其中，X、Z 为切削终点绝对坐标；

U、W 为切削终点相对坐标；

F 为切削进给量；

R 为车削圆锥时起点与终点的直径差值，该值若为负，则表示是由小端车向大端，该值若为正，则表示是由大端车向小端（R 值若省略，则表示加工的是圆柱面）；若加工起点定位在端面外，要注意在计算 R 时，应延长至车削的起点处。

G90 执行完毕后，刀具仍停留在循环起点处。

2. 安全注意事项

（1）为了使加工的锥度准确，每次退刀到端面 Z2 后，可以先用 G01 移动至 Z0 位置再进行锥面加工。

（2）在使用 G90 固定循环指令加工时，要注意 R 的正负，否则易出现扎刀，从而发生安全事故。

模块三 任务实施

一、制订工作计划（见表 3-1）

表 3-1 工作计划

阶段	任务分配	计划工作内容	预计用时	实际用时	负责人
1	小组全体成员	分析图纸、尺寸			
2	小组全体成员	拟定工艺规程			
3	小组全体成员	分解工作内容			
4	编程员（分工）	编制程序			
5	操作员（分工）	零件装夹、刀具准备			
6	工艺员（分工）	工艺编写			
7	小组全体成员	共同测量			

二、编制工艺卡（见表 3-2）

表 3-2 工艺卡

<table>
<tr><td colspan="2">加工轨迹图样
（绘制草图）</td><td colspan="5"></td></tr>
<tr><td colspan="7">编制工艺文件</td></tr>
<tr><td rowspan="2">院校</td><td rowspan="2"></td><td colspan="2" rowspan="2">机械加工工艺过程卡片</td><td colspan="2">项目名称</td><td>编号</td></tr>
<tr><td colspan="2"></td><td></td></tr>
<tr><td colspan="2">备料</td><td></td><td colspan="2">材料牌号</td><td colspan="2"></td></tr>
<tr><td>工序号</td><td>工序名称</td><td>工序内容</td><td>组</td><td>设备</td><td>夹具</td><td>工时</td></tr>
<tr><td></td><td></td><td></td><td></td><td></td><td></td><td></td></tr>
<tr><td></td><td></td><td></td><td></td><td></td><td></td><td></td></tr>
<tr><td></td><td></td><td></td><td></td><td></td><td></td><td></td></tr>
<tr><td></td><td></td><td></td><td></td><td></td><td></td><td></td></tr>
<tr><td></td><td></td><td></td><td></td><td></td><td></td><td></td></tr>
</table>

三、刀具的选择（见表 3-3）

表 3-3 刀具选择

刀具名称	图示	刀具名称	图示
80°外圆车刀		60°外圆车刀	
35°外圆车刀		35°仿形车刀	
外螺纹车刀		外形切槽刀	
外形圆弧切槽刀		端面切槽刀	
80°内孔车刀	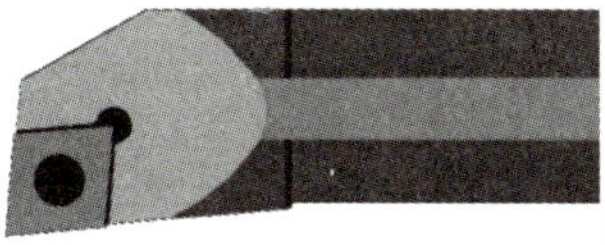	60°内孔车刀	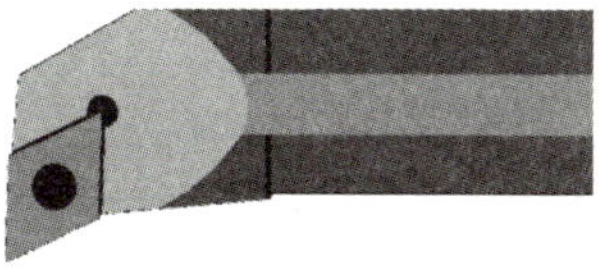
内孔螺纹车刀	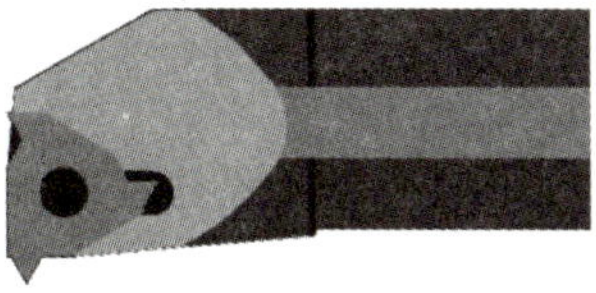	内孔沟槽车刀	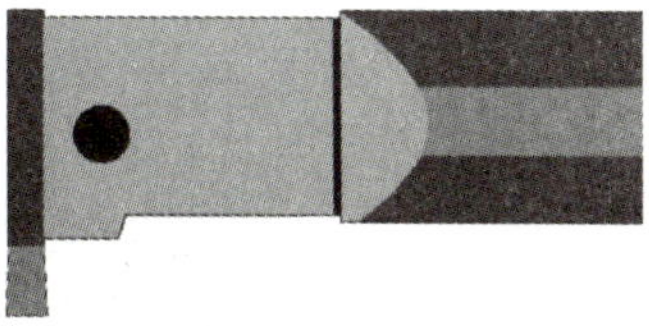

续表

工序号	最佳使用的刀具	刀具使用的规格	可用刀具 1	可用刀具 2

四、量具的选择（见表 3-4）

表 3-4　量具选择

量具名称	图示	量具名称	图示
外径千分尺	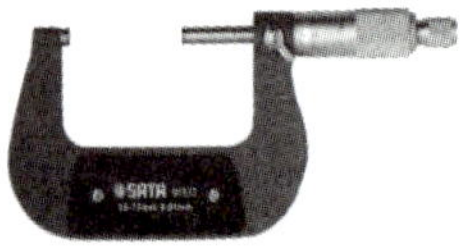	公法线千分尺	
内径两点千分尺	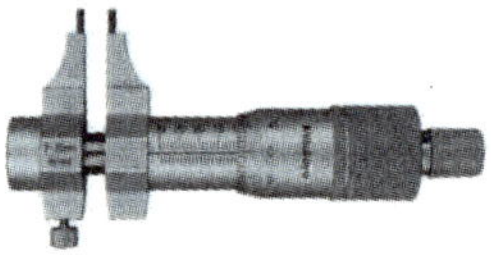	内径沟槽千分尺	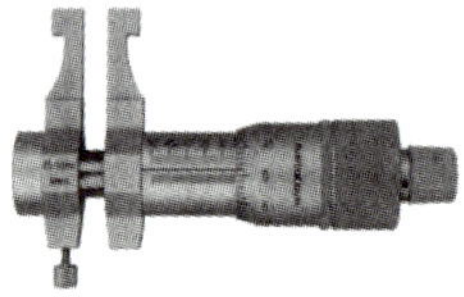
深度千分尺	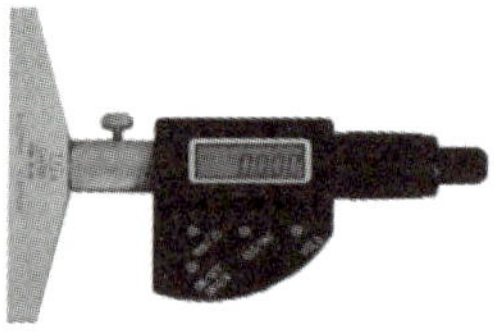	游标卡尺	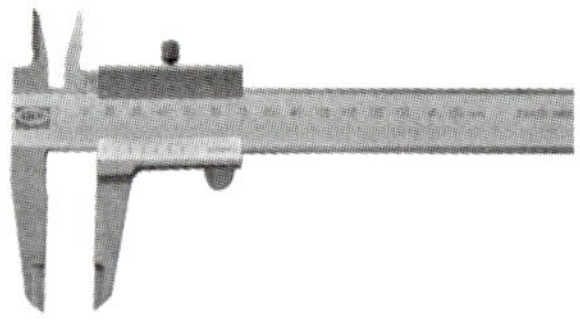
测量块	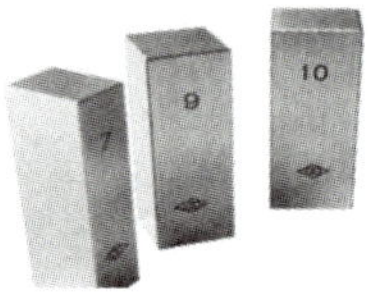	螺纹环规	
百分表		光滑塞规	
叶片千分尺	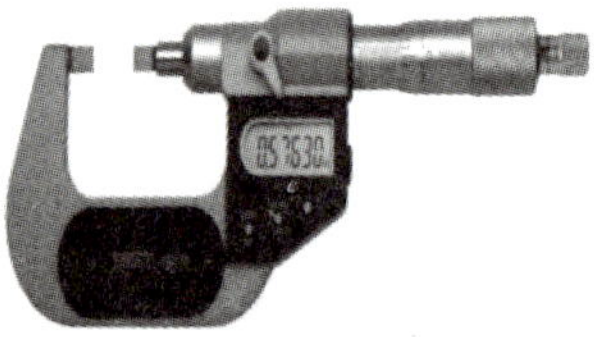	三点内径千分尺	

续表

工序号	最佳使用的量具	量具使用的量程规格	可用量具 1	可用量具 2

五、切削要素的选择（见表 3-5）

表 3-5　切削要素的选择

<table>
<tr><td rowspan="2">工序号</td><td>主轴转速/（r/min）</td><td>切削速度/（m/min）</td><td>进给量/（mm/r）</td><td>背吃刀量/mm</td><td>材料</td><td>设备</td><td>刀具</td></tr>
<tr><td>参考用量 200~400</td><td>参考用量 10~50</td><td>参考用量 0.05~0.30</td><td>参考用量 0.1~2</td><td></td><td></td><td></td></tr>
<tr><td rowspan="4">1</td><td>粗加工</td><td>粗加工</td><td>粗加工</td><td>粗加工</td><td></td><td></td><td></td></tr>
<tr><td></td><td></td><td></td><td></td><td></td><td></td><td></td></tr>
<tr><td>精加工</td><td>精加工</td><td>精加工</td><td>精加工</td><td></td><td></td><td></td></tr>
<tr><td></td><td></td><td></td><td></td><td></td><td></td><td></td></tr>
<tr><td rowspan="4">2</td><td>粗加工</td><td>粗加工</td><td>粗加工</td><td>粗加工</td><td></td><td></td><td></td></tr>
<tr><td></td><td></td><td></td><td></td><td></td><td></td><td></td></tr>
<tr><td>精加工</td><td>精加工</td><td>精加工</td><td>精加工</td><td></td><td></td><td></td></tr>
<tr><td></td><td></td><td></td><td></td><td></td><td></td><td></td></tr>
<tr><td rowspan="4">3</td><td>粗加工</td><td>粗加工</td><td>粗加工</td><td>粗加工</td><td></td><td></td><td></td></tr>
<tr><td></td><td></td><td></td><td></td><td></td><td></td><td></td></tr>
<tr><td>精加工</td><td>精加工</td><td>精加工</td><td>精加工</td><td></td><td></td><td></td></tr>
<tr><td></td><td></td><td></td><td></td><td></td><td></td><td></td></tr>
<tr><td rowspan="4">4</td><td>粗加工</td><td>粗加工</td><td>粗加工</td><td>粗加工</td><td></td><td></td><td></td></tr>
<tr><td></td><td></td><td></td><td></td><td></td><td></td><td></td></tr>
<tr><td>精加工</td><td>精加工</td><td>精加工</td><td>精加工</td><td></td><td></td><td></td></tr>
<tr><td></td><td></td><td></td><td></td><td></td><td></td><td></td></tr>
<tr><td>备注</td><td colspan="7"></td></tr>
</table>

六、编制程序卡

程序名：

七、实训过程（见表 3-6）

表 3-6　实训过程

实训前	项目	内容	完成打“√”	是否正确完成，正确打“√”，不正确打“×”	异常（或不正确）记录
	1	检查机床设备是否正常			
	2	主轴旋转预热 2 min			
	3	安装刀具			
	4	程序输入			
	5	建立工件坐标系			
	6	量具的校对			
加工中尺寸的记录	尺寸	粗加工或半精车测量的尺寸	输入机床的磨损数值	精加工测量的尺寸	异常（或不正确）记录
车削情况记录	内容	加工正常打“√”	加工不正常打“×”	异常（或不正确）记录	解决办法
实训结束	项目	内容	完成打“√”	是否正确完成，正确打“√”，不正确打“×”	异常（或不正确）记录
	1	零件质量的自检			
	2	设备、仪器的整理			
	3	现场环境的卫生打扫			

模块四　结果与评价

一、评分标准（见表 3-7）

表 3-7　评分标准

学生班级				学生姓名				
序号	项目	检测内容	配分	评分标准	实训结果	教师复查	扣分	得分
1	外　圆	$\phi26_{-0.06}^{0}$	15	超差 0.01 扣 5 分				
		$\phi20_{-0.06}^{0}$	15	超差 0.01 扣 5 分				
2	长度	11±0.05	10	超差 0.01 扣 3 分				
		30±0.05	10	超差 0.01 扣 3 分				
		$10_{-0.05}^{0}$	10	超差 0.01 扣 3 分				
3	锥度	30°	5	超差不得分				
4	粗糙度	*Ra*3.2	15	等级超差无分				
5	同心度 *A*	0.05	10	超差不得分				
6	倒角	*C*1	5	不合格无分				
		尖角倒钝去毛刺	5	不合格无分				
7	文明生产	发生重大事故取消加工资格；按照有关规定每违反一项，从总分中扣除 3～50 分						
8	其他项目	工件必须完整，工件局部无缺陷（如夹伤、划痕等），可根据零件酌情扣除						
9	加工时间	此项目加工时间为 30 min/（人·件），每超 1 min 则从总分中扣除 1 分						
记事（若有不文明生产或安全事故记录于此）								
开始时间	开始：　时　　分；			结束：　时　　分		总分		
复检学生		抽检教师			日期			

二、三方评价

小组评价	① 本组展示的产品符合技术标准吗？ 合格□　　不良□　　报废□ ② 与其他组相比，本组的产品工艺你认为： 工艺优化□　　工艺合理□　　工艺一般□ ③ 本组介绍成果表达是否清晰？ 很好□　　一般，常补充□　　不清晰□ ④ 本组演示产品检测方法操作正确吗？ 正确□　　部分正确□　　不正确□ ⑤ 本组演示操作时遵循了“5S”的工作要求吗？ 符合工作要求□　　忽略了部分要求□　　完全没有遵循□ ⑥ 本组成员团队创新精神如何？ 良好□　　一般□　　不足□ ⑦ 总结这次任务，该组是否达到学习目标？本组的建议是什么？你给予本组的评分是多少？其他应注意哪些内容？
自我评价	① 你的产品符合技术标准吗？ 合格□　　不良□　　报废□ ② 你的产品工艺你认为： 工艺优化□　　工艺合理□　　工艺一般□ ③ 你操作时遵循了“5S”及安全操作规程的工作要求吗？ 符合工作要求□　　忽略了部分要求□　　完全没有遵循□ ④ 学完本课你达到学习目标了吗？ 良好□　　一般□　　不足□ ⑤ 通过实训你有哪些不足？
教师评价	① ____________学生本课作品成绩。 A + □　　A - □　　B + □　　B - □ C + □　　C - □　　D + □　　D - □ ② 教师评语。

三、习　题

1. 选择题

（1）G90 指令表示的功能是（　　）。

A. 预备功能　　B. 固定循环　　C. 绝对尺寸　　D. 增量尺寸

（2）切削用量中，对切削力影响最大的是（　　）。

A. 背吃刀量　　B. 进给量　　C. 切削速度　　D. 主轴转速

（3）使表面粗糙度值增大的主要原因是（　　）。

A. 进给量大　　B. 背吃刀量小　　C. 高速　　D. 前角

（4）车削轴类零件时，如果毛坯余量不均匀，切削过程中背吃刀量发生变化，工件会产生（　　）误差。

A. 圆柱度　　B. 尺寸　　C. 同轴度　　D. 圆度

2. 判断题

（1）在数控车床上，车削锥度和车削外圆同样用 G01 指令。（　　）

（2）车刀在安装过程中，安装角度很重要，可以不考虑中心高度。（　　）

（3）采用固定循环编程，可以缩短程序长度，减少程序所占内存。（　　）

（4）程序段“G90　X52　Z-100　R5　F50”中，R5 的含义是圆锥大、小端半径差。（　　）

3. 填空题

（1）公差等级是指确定尺寸精确程度的等级，国标规定分为（　　）个等级。

（2）$2\times C1$ 倒角的含义为（　　　　　　　　）。

（3）图 3-3 中 D 表示（　　　　　　）；d 表示（　　　　　　）；L 表示（　　　　　　）；C 表示（　　　）。

（4）在使用 G90 固定循环指令加工时，要注意 R 的（　　　），否则易出现扎刀，从而发生安全事故。

项目四　圆弧锥度轴的车削加工

【知识目标】

（1）本项目涉及的专业理论知识；

（2）本项目涉及的设备、刀具、工量具等；

（3）拟定合理的加工工艺；

（4）正确规范使用工量具；

（5）掌握圆弧 G02/G03、G71/G70 指令的正确运用；

（6）圆弧插补的正确运用；

（7）刀尖方位角的正确选用；

（8）与项目相关的专业理论试题。

【技能目标】

（1）正确拟定加工工艺路线；

（2）圆弧坐标的正确运算；

（3）正确进行程序的输入和运行（本项目所涉及的程序指令）；

（4）G02/G03 指令的正确运用；

（5）G71/G70 指令的正确运用。

【素养目标】

（1）具有事业心和责任感，团队协作，爱岗敬业，严于律己；

（2）具有安全、文明生产及环境保护意识。

模块一　任务引入

【加工图】

零件加工图如图 4-1 所示。

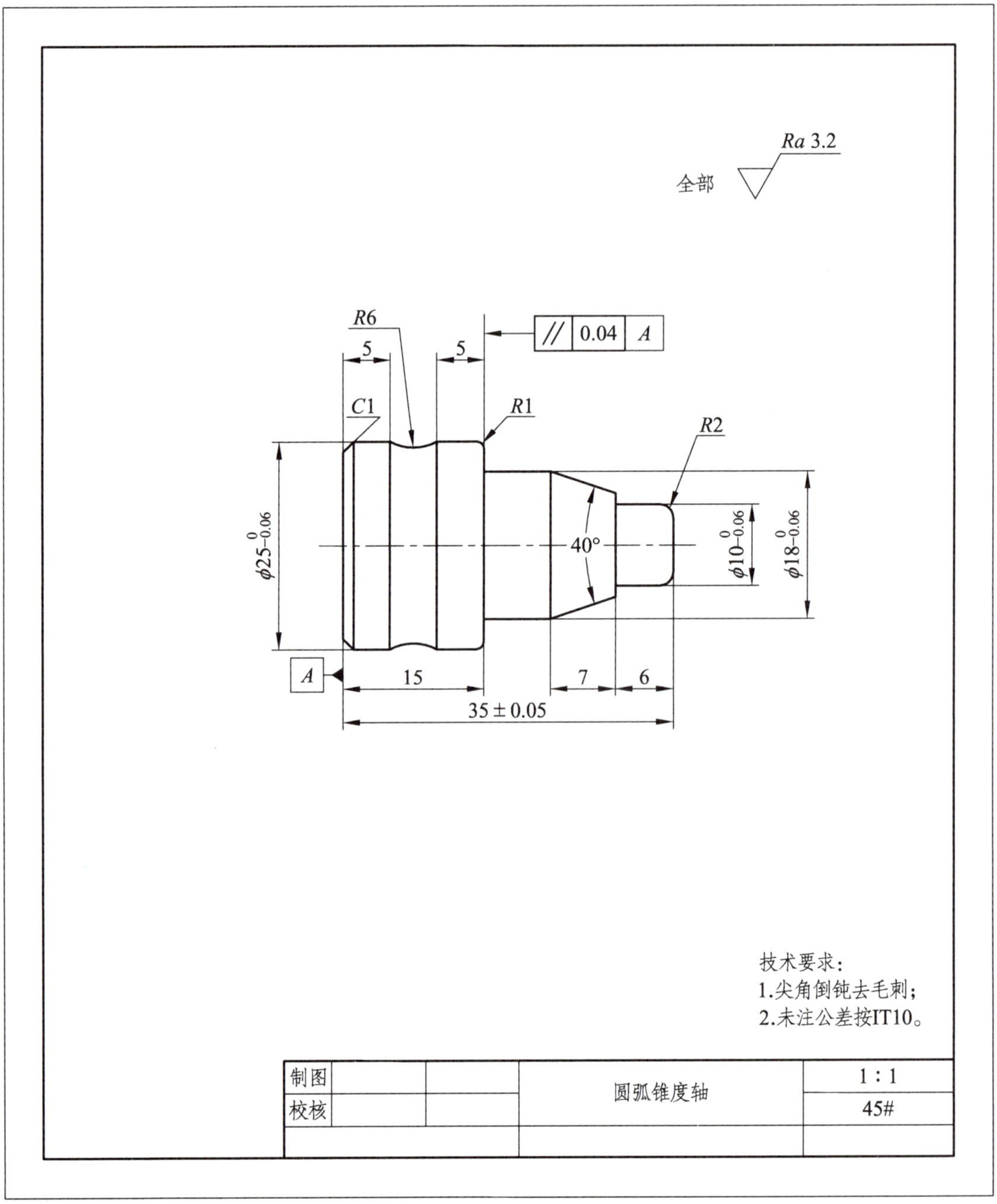

图 4-1　零件加工图

【学习活动】

活动一：图纸分析；
活动二：相关知识学习；
活动三：查找资料，收集本任务所需要的信息；
活动四：制订工作计划；
活动五：过程考核评价；
活动六：三方总结、点评。

【学习地点】

数控车实训中心。

【学习课时】

12 学时。

模块二 相关知识

一、圆弧车削指令 G02、G03

G02 为顺时针方向插补，G03 为逆时针方向插补。

程序格式：

（1）用圆弧半径 R，指定圆心位置，即

G02 X（U）______Z（W）____ R_____F_____；

G03 X（U）______Z（W）____ R_____F_____；

（2）用 I，K 指定圆心位置，即

G02 X（U）_____ Z（W）_____I_____K_____F_____；

G03 X（U）_____ Z（W）_____I_____K_____F_____；

程序段中各地址的含义：

X、Z 是在绝对编程时圆弧的终点坐标位置；

U、W 是起点与终点之间的距离；

R 为圆弧半径；

F 为进给量；

I、K 是圆心相对于圆弧起点的增量值，直径编程时 I 值为圆心相对于圆弧起点的增量值的 2 倍。当 I、K 与坐标轴方向相反时，I、K 为负值。圆心坐标在圆弧插补时不能省略。

二、圆弧顺、逆方向的判断

根据刀架的位置判别圆弧插补的顺、逆方向，数控车床的刀架位置有两种形式，即刀架在操作者一侧或在操作者外侧，如图 4-2 所示。

图 4-2 圆弧的顺、逆判断

三、凸圆弧的加工方法

在粗加工圆弧时，因其切削余量大，且不均匀，经常需要进行多刀切削。在切削过程中，可以采用多种不同的方法，现将常用方法介绍如下：

1. 车锥法粗车圆弧

图 4-3 所示为车锥法粗车圆弧的切削路线，即先车削一个圆锥，再车圆弧。在采用车锥法粗车圆弧时，要注意车锥时的起点和终点的确定。若确定不好，则可能损坏圆弧表面，也可能将余量留得过大。确定方法是连接 OB 交圆弧于点 D，过 D 点做圆弧的切线 AC。由几何关系得：

$$BD = OB - OD = 0.414R$$

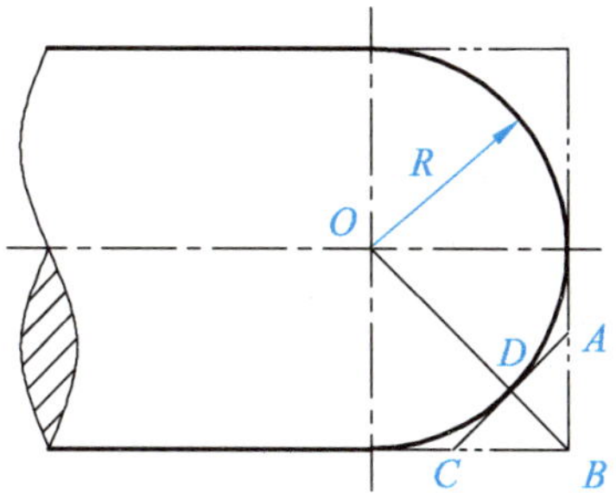

图 4-3 车锥法粗车圆弧示意图

此为车锥时的最大切削余量，即车锥时，加工路线不能超过 AC 线。由 BD 和 ΔABC 的关系即可算出 BA、BC 的长度，即圆锥的起点和终点。

$$AB = BC = 0.586R$$

A 点坐标为（R－0.586R，0），C 点坐标为（R，－0.586R）。

此方法数值计算较为烦琐，但其刀具切削路线较短。

2. 车圆法粗车圆弧

前面的方法粗车圆弧，所留的加工余量都不能达到一致，用 G02（或 G03）指令粗车圆弧，若一刀就把圆弧加工出来，这样吃刀量太大，容易打刀。所以，实际切削时，常常采用多刀粗车圆弧，先将大部分余量切除，最后加工到所需圆弧，如图 4-4 所示。

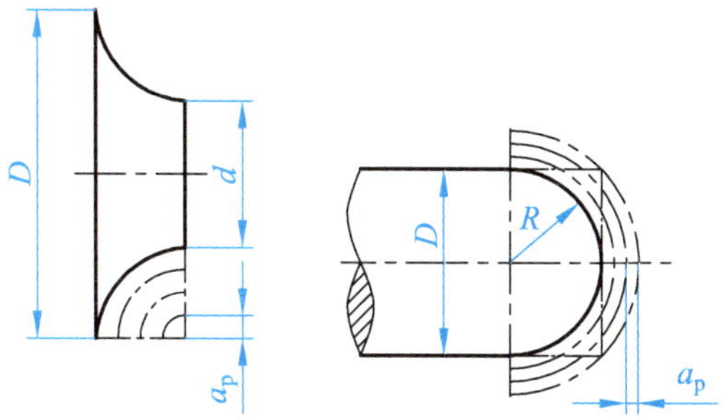

图 4-4 车圆法车圆弧示意图

该方法的优点在于每次背吃刀量相等，数值计算简单，编程方便，所留的加工余量相等，有助于提高精加工质量。但缺点是加工的空行程时间较长。加工较复杂的圆弧常常采用该方法。

四、凹圆弧的加工方法

1. 车矩形法粗车圆弧

不超过 1/4 的圆弧，当圆弧半径较大时，其切削余量往往较大，此时可采用车矩形法粗车圆弧。在采用车矩形法粗车圆弧时，关键要注意每刀切削所留的余量应尽可能保持一致，严格控制后面的切削长度不超过前一刀的切削长度，以防崩刀。图 4-5 是车矩形法粗车圆弧的两种进给路线，图 4-5（a）是错误的进给路线，图 4-5（b）按 1→5 的顺序车削，每次车削所留余量基本相等，是正确的进给路线。

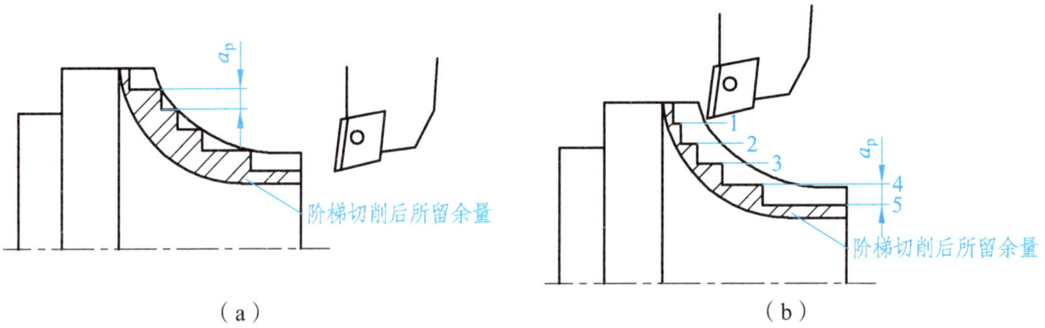

图 4-5　车矩形法粗车圆弧示意图

2. 其他几种方法

其他方法有等径圆弧形式、同心圆弧形式、梯形形式、三角形式，如图 4-6 所示。

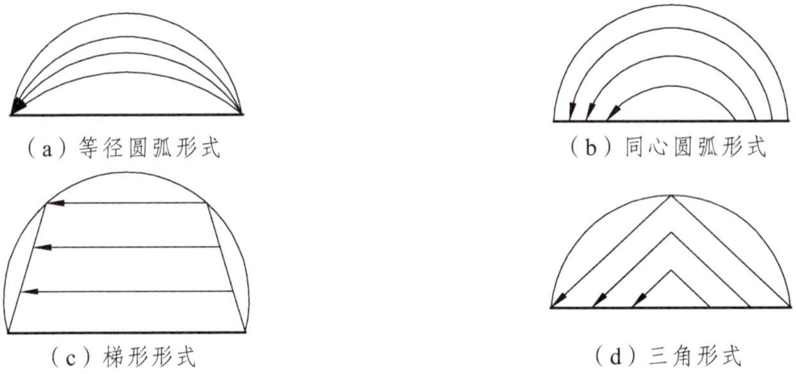

图 4-6　其他方法

各加工方法的特点如表 4-1 所示。

表 4-1　各加工方法的特点

形　式	特　点
等径圆弧形式	计算和编程最简单，但走刀路线较其他几种方式长
同心圆弧形式	走刀路线短，且精车余量最均匀
梯形形式	切削力分布合理，切削率最高
三角形式	走刀路线较同心圆弧形式长，但比梯形等径圆弧形式短

五、G40、G41、G42 指令在成形面加工中的应用

在通常的编程中，将刀尖看作是一个点，然而实际上刀尖是有圆弧的，在车削内孔、外圆及端面时，刀尖圆弧不影响加工尺寸和形状，但在车削锥面和圆弧时，则会造成过切或少切现象，如图 4-7 所示。此时可以用刀尖半径补偿功能来消除误差。

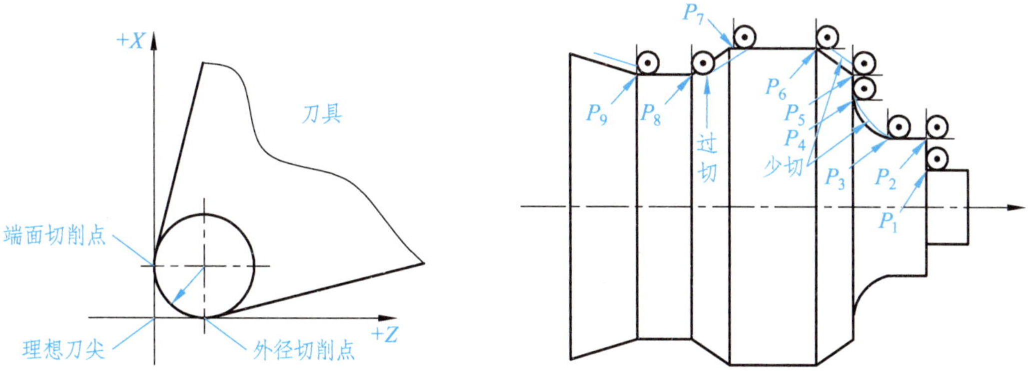

图 4-7 过切或少切现象

为使编程简单方便，数控车床一般都设置了刀具半径补偿功能。对于具有刀具半径补偿功能的数控系统，在编程时，只要按零件的实际轮廓编程即可，而不必按照刀具运动轨迹编程。使用刀具半径补偿指令，并在控制面板上手工输入刀具半径，数控装置便能自动计算出刀具中心轨迹，并按刀具中心轨迹运动。即执行刀具半径补偿后，刀具自动偏离工件轮廓一个刀具半径值，从而加工出所要求的工件轮廓。

当刀具磨损或刀具重磨后刀具半径变小时，只需手工输入改变后的刀具半径，而不需修改已编好的程序。

刀尖圆弧半径补偿指令有 G40、G41、G42。

程序格式：

$$\begin{Bmatrix} G40 \\ G41 \\ G42 \end{Bmatrix} \begin{Bmatrix} G00 \\ G01 \end{Bmatrix} X\_Z\_$$

说明：数控程序一般是针对刀具上的某一点即刀位点，按工件轮廓尺寸编制的。车刀的刀位点一般为理想状态下的假想刀尖 A 点或刀尖圆弧圆心 O 点。但实际加工中的车刀，由于工艺或其他要求，刀尖往往不是一理想点，而是一段圆弧。当切削加工时刀具切削点在刀尖圆弧上变动，造成实际切削点与刀位点之间的位置有偏差，故造成过切或少切。这种加工误差可用刀尖圆弧半径补偿功能来消除。

刀尖圆弧半径补偿是通过 G40、G41、G42 代码及 T 代码指定的刀尖圆弧半径补偿号，加入或取消半径补偿。

G40：取消刀尖半径补偿。

G41：左刀补（在刀具前进方向左侧补偿），如图 4-8 所示。

G42：右刀补（在刀具前进方向右侧补偿），如图 4-8 所示。

X, Z：G00/G01 的参数，即建立刀补或取消刀补的终点。

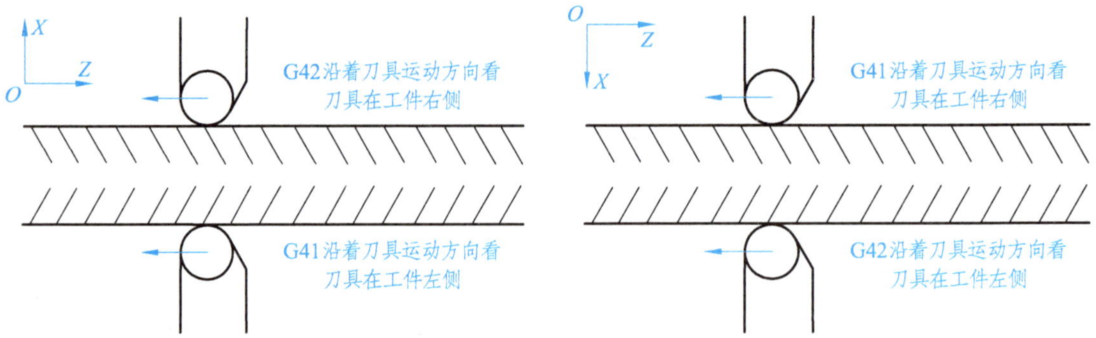

图 4-8　左刀补和右刀补

注意：

（1）G40、G41、G42 都是模态代码，可相互注销。

（2）G41/G42 不带参数，其补偿号（代表所用刀具对应的刀尖半径补偿值）由 T 代码指定。其刀尖圆弧补偿号与刀具偏置补偿号对应。

（3）使用 G40、G41、G42 时应注意 G41、G42 不能重复使用，在程序中前面有了 G41 指令，后面不能再直接使用 G42。若想使用，则必须先用 G40 指令解除原补偿状态后再使用 G42。

（4）刀尖半径补偿的建立与取消只能用 G00 或 G01 指令，不得用 G02 或 G03。

刀尖圆弧半径补偿寄存器中，定义了车刀圆弧半径及刀尖的方向号。车刀刀尖的方向号定义了刀具刀位点与刀尖圆弧中心的位置关系，其从 0~9 有十个方向，如图 4-9 所示。

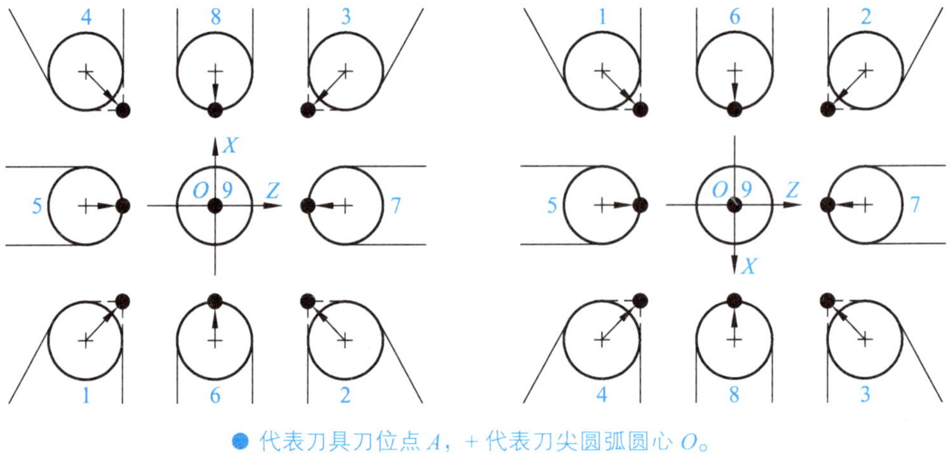

图 4-9　车刀刀尖位置码定义

六、G71 循环指令程序格式

G71 U(Δd) R(e);

G71 P(ns) Q(nf) U(Δu) W(Δw) F__　S__;

N(ns) ⋯;

……

N(nf) …;

其中，Δd 为粗加工每次背吃刀量（半径值），无符号；

e 为退刀量（半径值），该参数为模态值，直到指定另一个值前保持不变；

ns 为精车程序第一个程序段的顺序号；

nf 为精车程序最后一个程序段的顺序号；

Δu 为 *X* 方向预留的精车余量（直径值）；

Δw 为 *Z* 方向预留的精车余量。

说明：

（1）粗车循环过程中从 N(ns)到 N(nf)之间的程序段中的 F、S 功能均被忽略，只有 G71 指令中指定的 F、S 功能有效。

（2）在粗车削循环过程中，刀尖半径补偿功能无效。

G71 循环指令可用于两种类型的粗车加工：

① 类型一：零件轮廓在 *X* 和 *Z* 方向坐标值必须是单调增加或减小；

② 类型二：零件轮廓在 *X* 方向坐标值不是单调变化，允许有凹槽，但在 *Z* 方向必须是单调变化。

七、精车循环 G70

使用 G71、G73 指令完成零件的粗车加工之后，可以用 G70 指令进行精加工，以切除粗车循环中留下的余量。

程序格式：

G70 P(ns)　Q(nf)；

其中，ns 为精车程序第一个程序段的顺序号；

nf 为精车程序最后一个程序段的顺序号。

G70 指令在程序中不能单独出现，要与 G71、G73 配合使用，其编程格式如下：

……

N _ G71 P(ns)　Q(nf) …；　G71 粗车循环指令；

N(ns) …；

为粗车循环定义的精加工路径的第一个程序段；

……

N(nf) …；　为粗车循环定义的精加工路径的最后一个程序段；

G70 P(ns)　Q(nf)；　精车循环指令；

……

模块三　任务实施

一、制订工作计划（见表 4-2）

表 4-2　工作计划

阶段	任务分配	计划工作内容	预计用时	实际用时	负责人
1	小组全体成员	分析图纸、尺寸			
2	小组全体成员	拟定工艺规程			
3	小组全体成员	分解工作内容			
4	编程员（分工）	编制程序			
5	操作员（分工）	零件装夹、刀具准备			
6	工艺员（分工）	工艺编写			
7	小组全体成员	共同测量			

二、编制工艺卡（见表 4-3）

表 4-3　工艺卡

<table>
<tr><td colspan="3">加工轨迹图样（绘制草图）</td><td colspan="7"></td></tr>
<tr><td colspan="10">编制工艺文件</td></tr>
<tr><td rowspan="2">院校</td><td colspan="2" rowspan="2"></td><td colspan="3" rowspan="2">机械加工工艺过程卡片</td><td colspan="2">项目名称</td><td colspan="2">编号</td></tr>
<tr><td colspan="2"></td><td colspan="2"></td></tr>
<tr><td colspan="3">备料</td><td></td><td colspan="3">材料牌号</td><td colspan="3"></td></tr>
<tr><td colspan="2">工序号</td><td>工序名称</td><td>工序内容</td><td>组</td><td colspan="2">设备</td><td colspan="2">夹具</td><td>工时</td></tr>
<tr><td colspan="2"></td><td></td><td></td><td></td><td colspan="2"></td><td colspan="2"></td><td></td></tr>
<tr><td colspan="2"></td><td></td><td></td><td></td><td colspan="2"></td><td colspan="2"></td><td></td></tr>
<tr><td colspan="2"></td><td></td><td></td><td></td><td colspan="2"></td><td colspan="2"></td><td></td></tr>
<tr><td colspan="2"></td><td></td><td></td><td></td><td colspan="2"></td><td colspan="2"></td><td></td></tr>
<tr><td colspan="2"></td><td></td><td></td><td></td><td colspan="2"></td><td colspan="2"></td><td></td></tr>
</table>

三、刀具的选择（见表 4-4）

表 4-4 刀具选择

刀具名称	图示	刀具名称	图示
80°外圆车刀		60°外圆车刀	
35°外圆车刀		35°仿形车刀	
外螺纹车刀		外形切槽刀	
外形圆弧切槽刀		端面切槽刀	
80°内孔车刀	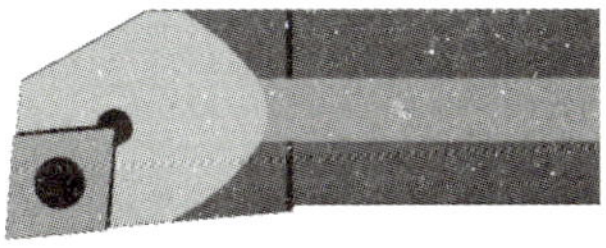	60°内孔车刀	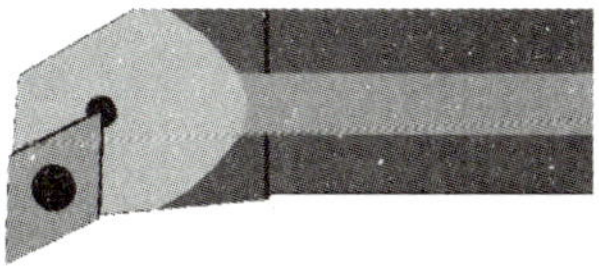
内孔螺纹车刀	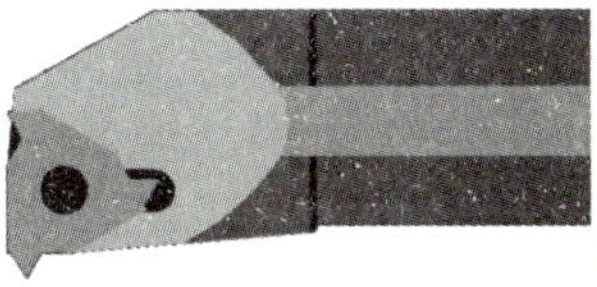	内孔沟槽车刀	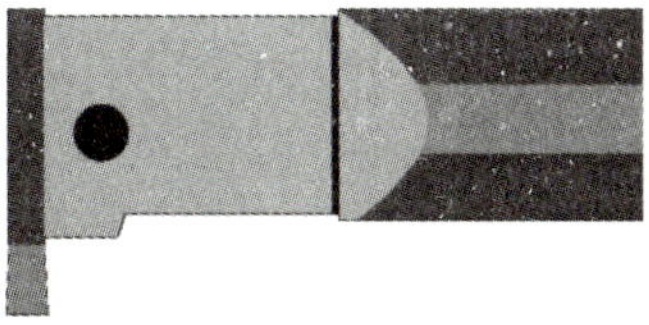

续表

工序号	最佳使用的刀具	刀具使用的规格	可用刀具 1	可用刀具 2

四、量具的选择（见表 4-5）

表 4-5　量具选择

量具名称	图示	量具名称	图示
外径千分尺	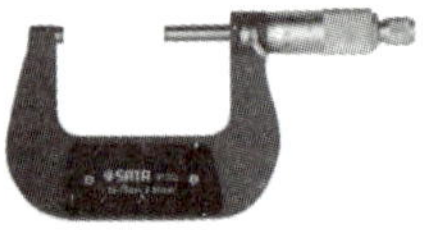	公法线千分尺	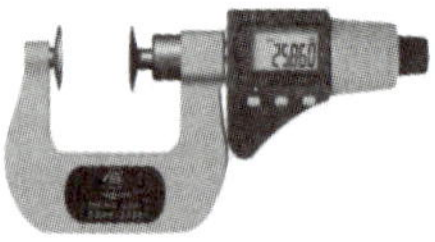
内径两点千分尺	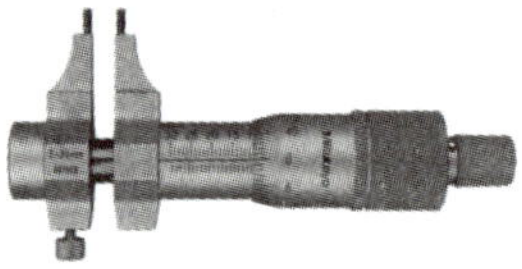	内径沟槽千分尺	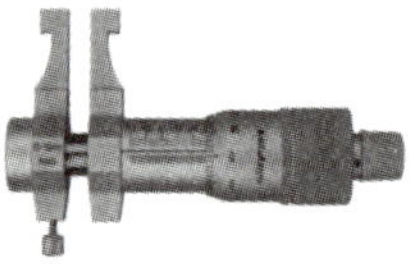
深度千分尺		游标卡尺	
测量块		螺纹环规	
百分表		光滑塞规	
叶片千分尺		三点内径千分尺	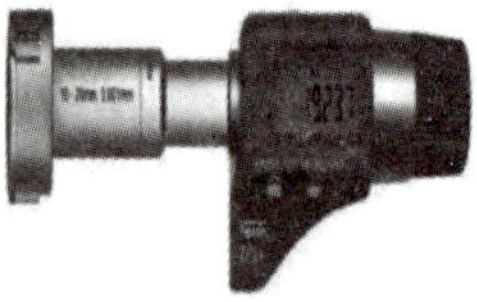

续表

工序号	最佳使用的量具	量具使用的量程规格	可用量具 1	可用量具 2

五、切削要素的选择（见表 4-6）

表 4-6　切削要素的选择

<table>
<tr><td rowspan="2">工序号</td><td>主轴转速
/（r/min）</td><td>切削速度
/（m/min）</td><td>进给量
/（mm/r）</td><td>背吃刀量
/mm</td><td rowspan="2">材料</td><td rowspan="2">设备</td><td rowspan="2">刀具</td></tr>
<tr><td>参考用量
200~400</td><td>参考用量
10~50</td><td>参考用量
0.05~0.30</td><td>参考用量
0.1~2</td></tr>
<tr><td rowspan="4">1</td><td>粗加工</td><td>粗加工</td><td>粗加工</td><td>粗加工</td><td></td><td></td><td></td></tr>
<tr><td></td><td></td><td></td><td></td><td></td><td></td><td></td></tr>
<tr><td>精加工</td><td>精加工</td><td>精加工</td><td>精加工</td><td></td><td></td><td></td></tr>
<tr><td></td><td></td><td></td><td></td><td></td><td></td><td></td></tr>
<tr><td rowspan="4">2</td><td>粗加工</td><td>粗加工</td><td>粗加工</td><td>粗加工</td><td></td><td></td><td></td></tr>
<tr><td></td><td></td><td></td><td></td><td></td><td></td><td></td></tr>
<tr><td>精加工</td><td>精加工</td><td>精加工</td><td>精加工</td><td></td><td></td><td></td></tr>
<tr><td></td><td></td><td></td><td></td><td></td><td></td><td></td></tr>
<tr><td rowspan="4">3</td><td>粗加工</td><td>粗加工</td><td>粗加工</td><td>粗加工</td><td></td><td></td><td></td></tr>
<tr><td></td><td></td><td></td><td></td><td></td><td></td><td></td></tr>
<tr><td>精加工</td><td>精加工</td><td>精加工</td><td>精加工</td><td></td><td></td><td></td></tr>
<tr><td></td><td></td><td></td><td></td><td></td><td></td><td></td></tr>
<tr><td rowspan="4">4</td><td>粗加工</td><td>粗加工</td><td>粗加工</td><td>粗加工</td><td></td><td></td><td></td></tr>
<tr><td></td><td></td><td></td><td></td><td></td><td></td><td></td></tr>
<tr><td>精加工</td><td>精加工</td><td>精加工</td><td>精加工</td><td></td><td></td><td></td></tr>
<tr><td></td><td></td><td></td><td></td><td></td><td></td><td></td></tr>
<tr><td>备注</td><td colspan="7"></td></tr>
</table>

六、编制程序卡

程序名：

七、实训过程（见表 4-7）

表 4-7 实训过程

<table>
<tr><td rowspan="7">实训前</td><td>项目</td><td>内容</td><td>完成打“√”</td><td>是否正确完成，正确打“√”，不正确打“×”</td><td>异常（或不正确）记录</td></tr>
<tr><td>1</td><td>检查机床设备是否正常</td><td></td><td></td><td></td></tr>
<tr><td>2</td><td>主轴旋转预热 2 min</td><td></td><td></td><td></td></tr>
<tr><td>3</td><td>安装刀具</td><td></td><td></td><td></td></tr>
<tr><td>4</td><td>程序输入</td><td></td><td></td><td></td></tr>
<tr><td>5</td><td>建立工件坐标系</td><td></td><td></td><td></td></tr>
<tr><td>6</td><td>量具的校对</td><td></td><td></td><td></td></tr>
<tr><td rowspan="8">加工中尺寸的记录</td><td>尺寸</td><td>粗加工或半精车测量的尺寸</td><td>输入机床的磨损数值</td><td>精加工测量的尺寸</td><td>异常（或不正确）记录</td></tr>
<tr><td></td><td></td><td></td><td></td><td></td></tr>
<tr><td></td><td></td><td></td><td></td><td></td></tr>
<tr><td></td><td></td><td></td><td></td><td></td></tr>
<tr><td></td><td></td><td></td><td></td><td></td></tr>
<tr><td></td><td></td><td></td><td></td><td></td></tr>
<tr><td></td><td></td><td></td><td></td><td></td></tr>
<tr><td></td><td></td><td></td><td></td><td></td></tr>
<tr><td rowspan="3">车削情况记录</td><td>内容</td><td>加工正常打“√”</td><td>加工不正常打“×”</td><td>异常（或不正确）记录</td><td>解决办法</td></tr>
<tr><td></td><td></td><td></td><td></td><td></td></tr>
<tr><td></td><td></td><td></td><td></td><td></td></tr>
<tr><td rowspan="4">实训结束</td><td>项目</td><td>内容</td><td>完成打“√”</td><td>是否正确完成，正确打“√”，不正确打“×”</td><td>异常（或不正确）记录</td></tr>
<tr><td>1</td><td>零件质量的自检</td><td></td><td></td><td></td></tr>
<tr><td>2</td><td>设备、仪器的整理</td><td></td><td></td><td></td></tr>
<tr><td>3</td><td>现场环境的卫生打扫</td><td></td><td></td><td></td></tr>
</table>

模块四　结果与评价

一、评分标准（见表 4-8）

表 4-8　评分标准

<table>
<tr><td colspan="2">学生班级</td><td colspan="2"></td><td colspan="2">学生姓名</td><td colspan="3"></td></tr>
<tr><td>序号</td><td>项目</td><td>检测内容</td><td>配分</td><td>评分标准</td><td>实训结果</td><td>教师复查</td><td>扣分</td><td>得分</td></tr>
<tr><td rowspan="3">1</td><td rowspan="3">外　圆</td><td>$\phi10_{-0.06}^{0}$</td><td>10</td><td>超差 0.01 扣 2 分</td><td></td><td></td><td></td><td></td></tr>
<tr><td>$\phi18_{-0.06}^{0}$</td><td>10</td><td>超差 0.01 扣 2 分</td><td></td><td></td><td></td><td></td></tr>
<tr><td>$\phi25_{-0.06}^{0}$</td><td>10</td><td>超差 0.01 扣 2 分</td><td></td><td></td><td></td><td></td></tr>
<tr><td rowspan="3">2</td><td rowspan="3">长度</td><td>15</td><td>10</td><td>超差 0.01 扣 2 分</td><td></td><td></td><td></td><td></td></tr>
<tr><td>6</td><td>10</td><td>超差 0.01 扣 2 分</td><td></td><td></td><td></td><td></td></tr>
<tr><td>35±0.05</td><td>10</td><td>超差 0.01 扣 2 分</td><td></td><td></td><td></td><td></td></tr>
<tr><td>3</td><td>锥度</td><td>40°</td><td>2.5</td><td>超差不得分</td><td></td><td></td><td></td><td></td></tr>
<tr><td rowspan="3">4</td><td rowspan="3">圆弧</td><td>$R1$</td><td>2.5</td><td>超差不得分</td><td></td><td></td><td></td><td></td></tr>
<tr><td>$R2$</td><td>2.5</td><td>超差不得分</td><td></td><td></td><td></td><td></td></tr>
<tr><td>$R6$</td><td>2.5</td><td>超差不得分</td><td></td><td></td><td></td><td></td></tr>
<tr><td>5</td><td>粗糙度</td><td>$Ra3.2$</td><td>10</td><td>等级超差无分</td><td></td><td></td><td></td><td></td></tr>
<tr><td>6</td><td>平行度 A</td><td>0.04</td><td>10</td><td>超差不得分</td><td></td><td></td><td></td><td></td></tr>
<tr><td rowspan="2">7</td><td rowspan="2">倒角</td><td>$C1$</td><td>5</td><td>不合格无分</td><td></td><td></td><td></td><td></td></tr>
<tr><td>尖角倒钝去毛刺</td><td>5</td><td>不合格无分</td><td></td><td></td><td></td><td></td></tr>
<tr><td>8</td><td>文明生产</td><td colspan="3">发生重大事故取消加工资格；按照有关规定每违反一项，从总分中扣除 3～50 分</td><td></td><td></td><td></td><td></td></tr>
<tr><td>9</td><td>其他项目</td><td colspan="3">工件必须完整，工件局部无缺陷（如夹伤、划痕等），可根据零件酌情扣除</td><td></td><td></td><td></td><td></td></tr>
<tr><td>10</td><td>加工时间</td><td colspan="3">此项目加工时间为 40 min/（人·件），每超 1 min 则从总分中扣除 1 分</td><td></td><td></td><td></td><td></td></tr>
<tr><td>记事（若有不文明生产或安全事故记录于此）</td><td colspan="8"></td></tr>
<tr><td>开始时间</td><td colspan="5">开始：　时　　分；　　　　结束：　时　　分</td><td>总分</td><td colspan="2"></td></tr>
<tr><td>复检学生</td><td colspan="2"></td><td>抽检教师</td><td colspan="2"></td><td>日期</td><td colspan="2"></td></tr>
</table>

二、三方评价

小组评价	① 本组展示的产品符合技术标准吗？ 合格□　不良□　报废□ ② 与其他组相比，本组的产品工艺你认为： 工艺优化□　工艺合理□　工艺一般□ ③ 本组介绍成果表达是否清晰？ 很好□　一般，常补充□　不清晰□ ④ 本组演示产品检测方法操作正确吗？ 正确□　部分正确□　不正确□ ⑤ 本组演示操作时遵循了“5S”的工作要求吗？ 符合工作要求□　忽略了部分要求□　完全没有遵循□ ⑥ 本组成员团队创新精神如何？ 良好□　一般□　不足□ ⑦ 总结这次任务，该组是否达到学习目标？本组的建议是什么？你给予本组的评分是多少？其他应注意哪些内容？
自我评价	① 你的产品符合技术标准吗？ 合格□　不良□　报废□ ② 你的产品工艺你认为： 工艺优化□　工艺合理□　工艺一般□ ③ 你操作时遵循了“5S”及安全操作规程的工作要求吗？ 符合工作要求□　忽略了部分要求□　完全没有遵循□ ④ 学完本课你达到学习目标了吗？ 良好□　一般□　不足□ ⑤ 通过实训你有哪些不足？
教师评价	① ____________学生本课作品成绩。 A+□　A-□　B+□　B-□ C+□　C-□　D+□　D-□ ② 教师评语。

三、习　题

1. 选择题

（1）棒料毛坯粗加工时，使用（　　）指令可简化编程。

A. G70　　B. G71　　C. G72　　D. G73

（2）端面粗加工循环指令选（　　）。

A. G70　　B. G71　　C. G72　　D. G73

（3）程序段“G70　P1 Q2”中 G70 的含义是（　　）加工循环指令。

A. 螺纹　　B. 外圆　　C. 端面　　D. 精

（4）在“G71”指令中表示 *Z* 轴方向上的精加工余量的是（　　）。

A. Δu　　B. Δw　　C. ns　　D. nf

2. 判断题

（1）G96、G97、G98、G99、G40、G41、G42 指令在执行 G71 循环中无效，执行 G70 精加工循环时有效。（　　）

（2）在录入方式下不能执行 G71 指令，否则会产生报警。（　　）

（3）在同一程序中需要多次使用复合循环指令时，ns→nf 不允许有相同的程序段号。（　　）

（4）外圆粗车循环方式适合于加工棒料毛坯，快速除去较大余量的切削。（　　）

3. 填空题

（1）精车循环 G71 指令中 Δu 表示（　　　　　　），为（　　　　）。

（2）G40 表示（　　　　　　）。

（3）G71 指令格式为：G71（　　　　　　）；G71（　　　　　　）。

（4）90°外圆车刀精车外圆时使用（　　　　）刀尖方位角。

项目五 槽类车削综合加工

【知识目标】

（1）本项目涉及的专业理论知识；

（2）本项目涉及的设备、刀具、工量具等；

（3）拟定合理的加工工艺；

（4）正确规范使用工量具；

（5）掌握圆弧 G02/G03、G71/G70/G75 指令的正确运用；

（6）圆弧插补的正确运用；

（7）刀尖方位角的正确选用。

【技能目标】

（1）正确拟定加工工艺路线；

（2）圆弧坐标的正确运算；

（3）正确进行程序的输入和运行（本项目所涉及的程序指令）；

（4）G02/G03/G75 指令的正确运用；

（5）G71/G70 指令的正确运用。

【素养目标】

（1）具有团队协作能力，乐于奉献，爱岗敬业；

（2）具有安全、文明生产及环境保护意识。

模块一　任务引入

【加工图】

零件加工图如图 5-1 所示。

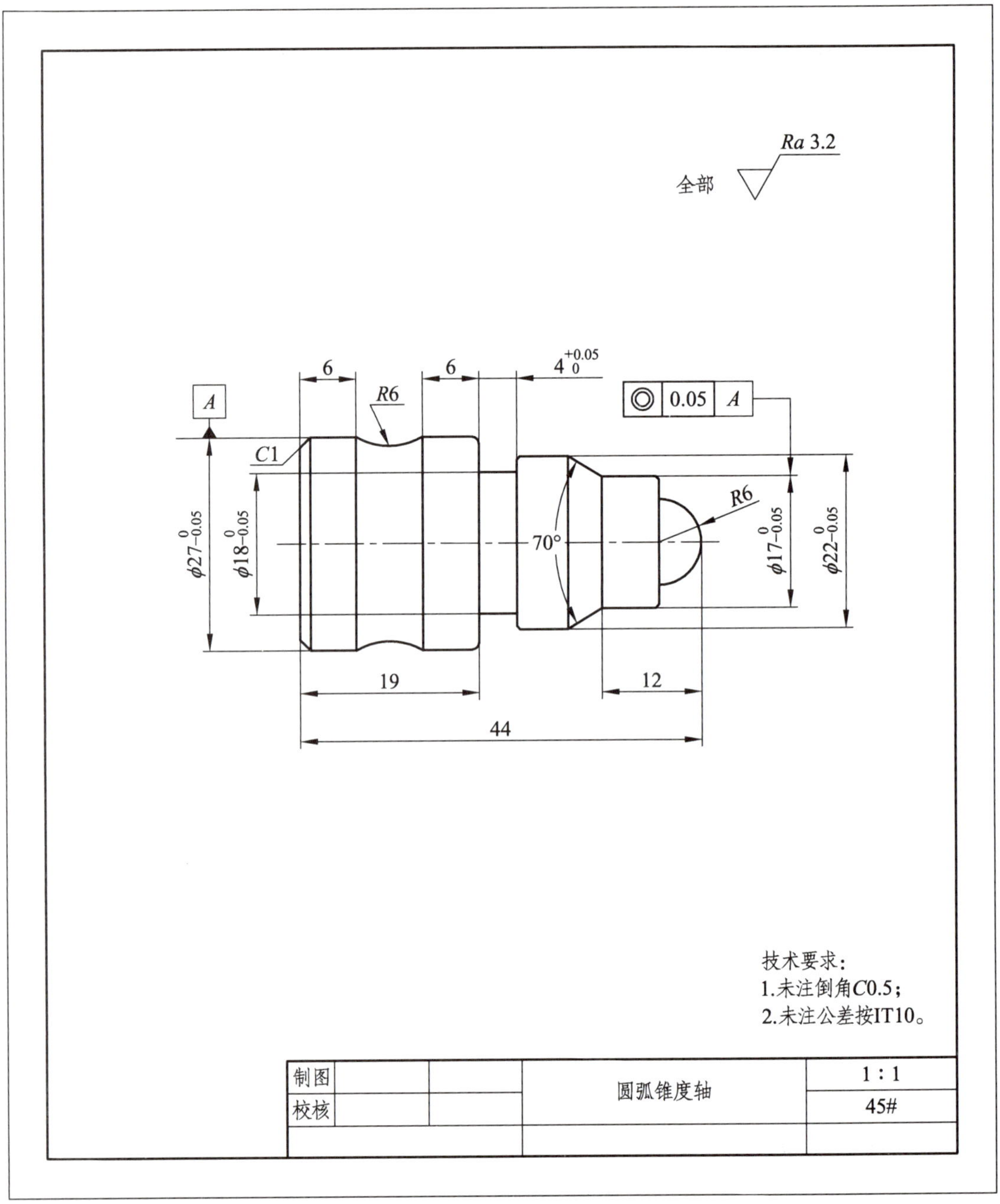

图 5-1　零件加工图

【学习活动】

活动一：图纸分析；
活动二：相关知识学习；
活动三：查找资料，收集本任务所需要的信息；
活动四：制订工作计划；
活动五：过程考核评价；
活动六：三方总结、点评。

【学习地点】

数控车实训中心。

【学习课时】

12 学时。

模块二　相关知识

一、螺旋测微器知识链接

螺旋测微器是个统称，有外径千分尺、内测千分尺、深度千分尺、公法线外径千分尺等。规格有 0~25 mm、25~50 mm、50~75 mm 等几种。其原理是用很精密的螺丝通过旋转，测出它的轴向移动距离。螺丝的螺距（任意相邻两齿之间的轴向距离）为 0.5 mm，也即套管旋转一周，轴向移动 0.5 mm。而套管圆周等分为 50 格，故每格是 0.01 mm，这即为它的测量精度。下面以最常用的外径千分尺为例，介绍它的使用方法。

将被测物先放在台面上，或用其他物体夹住。左手持外径千分尺的测量端外围，右手拇指、中指、食指捏住另一端有花纹的棘轮，把被测物放入外径千分尺的测量头之间，右手顺时针方向慢慢拧紧，直至棘轮发出吱吱的响声为止，此时即可读数。外径千分尺的读数如图 5-2 所示。测力装置如表 5-1 所示。测量面的具体形状如图 5-3 所示。

标准刻度时（分度值为 0.01 mm）

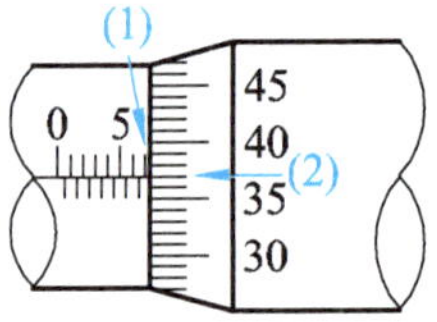

（1）套管读数	7 mm
（2）微分筒读数	+ 0.37 mm
千分尺读数	7.37 mm

注：0.37 mm 是套筒基准线与微分刻度对齐时的读数。

通常情况下，可以像上图那样读取到分度值 0.01 mm，也可以像下图所示，读取分度值到 0.001 mm。

带有游标时（分度值为 0.001 mm）

带游标的千分尺在套管基线的上面有游标刻度。

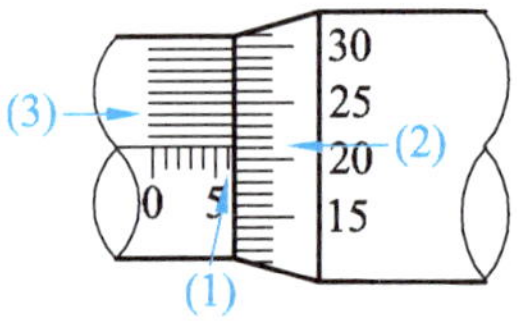

（1）套管读数	6 mm
（2）微分筒读数	0.21 mm
（3）游标与微分筒刻度读数	0.003 mm
千分尺读数	6.213 mm

注：当指引线为两个刻度（在这种情况下，21 和 22）之间的位置时，读取 0.21 mm。而当游标尺刻度与其中一个微刻度对齐时，读取 0.003 mm。

带计数器时（分度值为 0.001 mm）

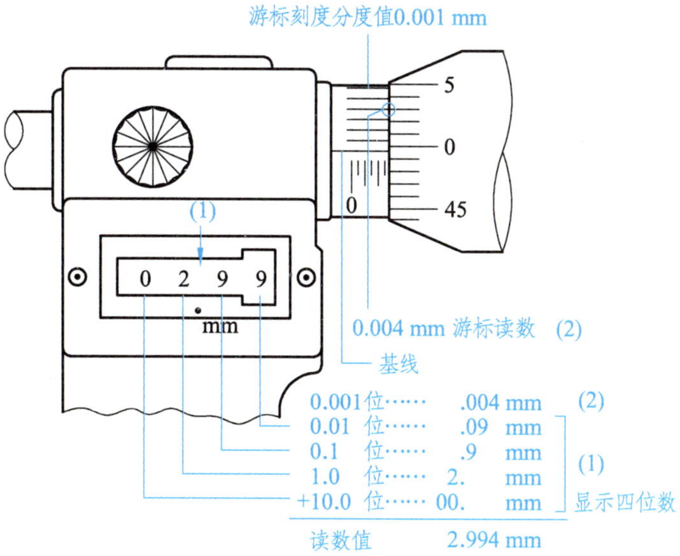

注：0.004 mm 是游标刻度线对应一个微分刻度线时的读数。

图 5-2　外径千分尺的读数

表 5-1　测力装置

测力装置	有无声音	单手操作	备　注
棘轮锁紧 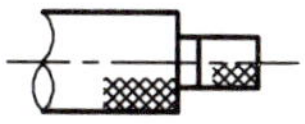	有	不适合	操作时的“咔哒”声导致微小振动
摩擦套管 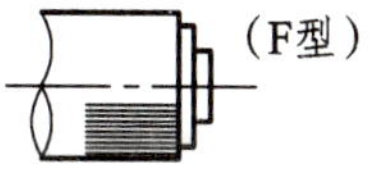	无	适合	没有发出声音时的冲击，很稳定
棘轮套管 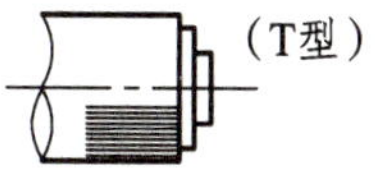	有	适合	可以通过声音确认已经加压
棘轮套管 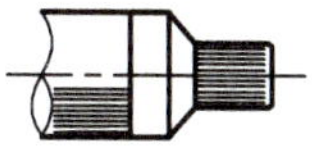	有	适合	可以通过声音确认动作

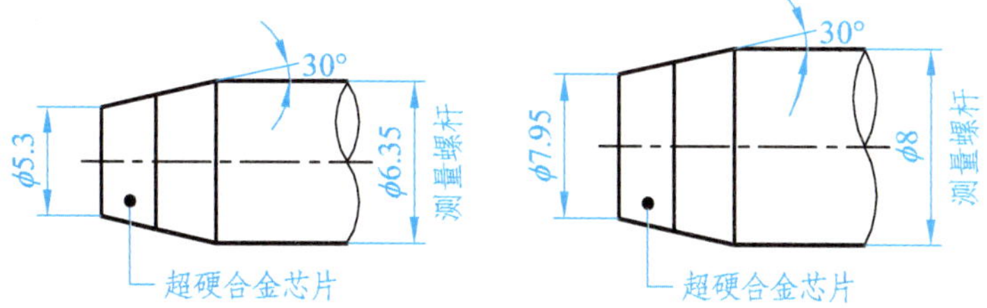

图 5-3　测量面的具体形状

二、切槽操作要点

（1）窄槽的加工通常采用直进法，这就要求切刀刃宽与加工的槽宽一致，所以通常把槽宽≤4 mm 的槽称为窄槽，如图 5-4 所示。

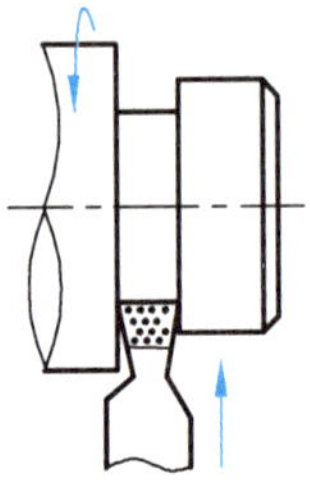

图 5-4　窄槽

为了保证窄槽底部圆滑，在切刀加工到槽底时，通常用指令 G04 让切刀在槽底停留几秒，以保证槽底圆滑。

（2）宽槽加工时，为了保证槽底圆滑，通常采用在粗切时留下 0.2~0.4 mm 的精切余量，在最后一刀加工时，让切刀在槽底沿 *Z* 向修整一刀，如图 5-5 所示。

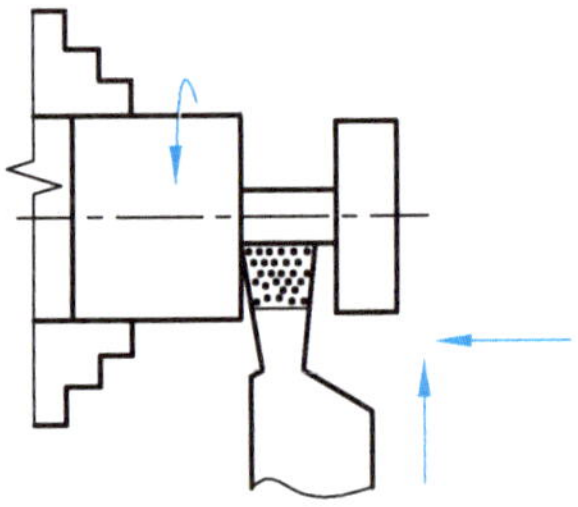

图 5-5　宽槽的加工

槽的加工要安排好切刀的切入次数，要根据槽宽和刃宽进行计算，但要保证每一刀都应与前一刀重叠 0.1~0.2 mm。

（3）合理选择刀具，选择合适的进给速度。

三、暂停指令 G04

1. 指令格式

G04 D__

其中，D 后面输入暂停的时间，单位为秒，如 G04 D2 表示进给暂停 2 s。

切槽加工时的主轴转速一般不能太快，常见的有 300~500 r/min，否则对切刀磨损过快；同时进给量也较外圆加工要小，常用 10~50 mm/r。

2. 安全注意事项

（1）切刀从槽底退出时要先退 *X* 向，再退 *Z* 向，否则会发生碰刀。

（2）如果要加工的槽在工件的中间位置，切刀从换刀点移动到加工起点时，一般应先移动 *Z* 向，再进给 *X* 向。

（3）如槽需要用切刀倒角，应用切刀的主切削刃倒角，而不采用在退刀时用副切削刃倒角，以免损坏刀具。

四、内、外圆切槽复合循环指令 G75

1. 指令格式

G75 R(e)；

G75 X(U) Z(W) P(Δi) Q(Δk) R(Δd) F__；

2. 参数含义

R 为每次径向进给后的径向退刀量，mm；

X 为切削终点的 *X* 轴绝对坐标值，也可采用相对坐标；

U 为切削终点与起点的 *X* 轴相对坐标的差值，mm；

Z 为切削终点的 *Z* 轴绝对坐标值，也可采用相对坐标；

W 为切削终点与起点的 *Z* 轴相对坐标的差值，mm；

P(Δi)为径向（*X* 轴）进给，*X* 轴断续进给的进给量，0.001 mm，半径值，无符号；

Q(Δk)为轴向（*Z* 轴）移动量，0.001 mm，无符号，*Z* 向移动量必须小于刀宽；

R(Δd)为切削至终点时轴向的退刀量，一般设为 0，以免断刀；

F 为进给速度。

模块三　任务实施

一、制订工作计划（见表 5-2）

表 5-2　工作计划

阶段	任务分配	计划工作内容	预计用时	实际用时	负责人
1	小组全体成员	分析图纸、尺寸			
2	小组全体成员	拟定工艺规程			
3	小组全体成员	分解工作内容			
4	编程员（分工）	编制程序			
5	操作员（分工）	零件装夹、刀具准备			
6	工艺员（分工）	工艺编写			
7	小组全体成员	共同测量			

二、编制工艺卡（见表 5-3）

表 5-3　工艺卡

<table>
<tr><td colspan="2">加工轨迹图样
（绘制草图）</td><td colspan="5"></td></tr>
<tr><td colspan="7">编制工艺文件</td></tr>
<tr><td rowspan="2">院校</td><td rowspan="2"></td><td colspan="2" rowspan="2">机械加工工艺过程卡片</td><td colspan="2">项目名称</td><td>编号</td></tr>
<tr><td colspan="2"></td><td></td></tr>
<tr><td colspan="2">备料</td><td></td><td colspan="2">材料牌号</td><td colspan="2"></td></tr>
<tr><td>工序号</td><td>工序名称</td><td>工序内容</td><td>组</td><td>设备</td><td>夹具</td><td>工时</td></tr>
<tr><td></td><td></td><td></td><td></td><td></td><td></td><td></td></tr>
<tr><td></td><td></td><td></td><td></td><td></td><td></td><td></td></tr>
<tr><td></td><td></td><td></td><td></td><td></td><td></td><td></td></tr>
<tr><td></td><td></td><td></td><td></td><td></td><td></td><td></td></tr>
</table>

三、刀具的选择（见表 5-4）

表 5-4　刀具选择

刀具名称	图示	刀具名称	图示
80°外圆车刀		60°外圆车刀	
35°外圆车刀		35°仿形车刀	
外螺纹车刀		外形切槽刀	
外形圆弧切槽刀	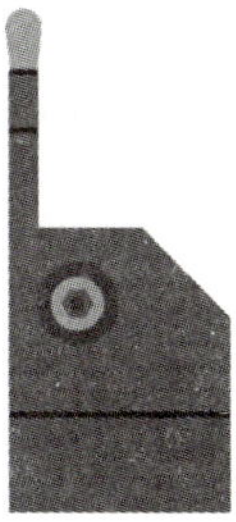	端面切槽刀	
80°内孔车刀	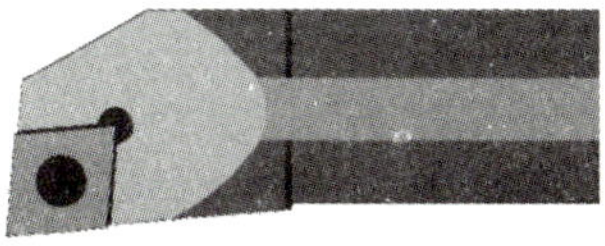	60°内孔车刀	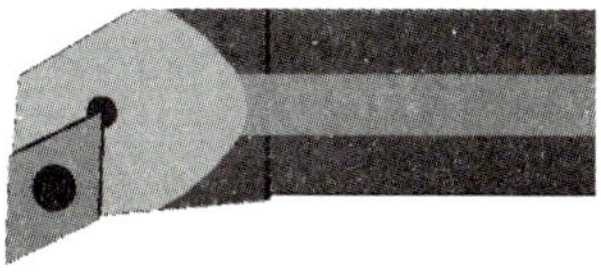
内孔螺纹车刀		内孔沟槽车刀	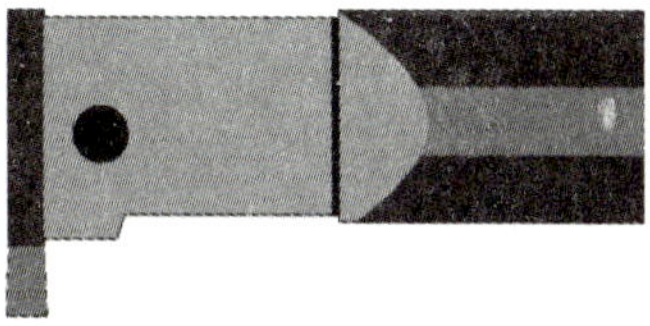

续表

工序号	最佳使用的刀具	刀具使用的规格	可用刀具 1	可用刀具 2

四、量具的选择（见表 5-5）

表 5-5　量具选择

量具名称	图示	量具名称	图示
外径千分尺	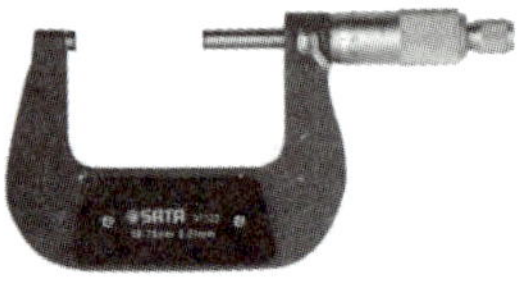	公法线千分尺	
内径两点千分尺	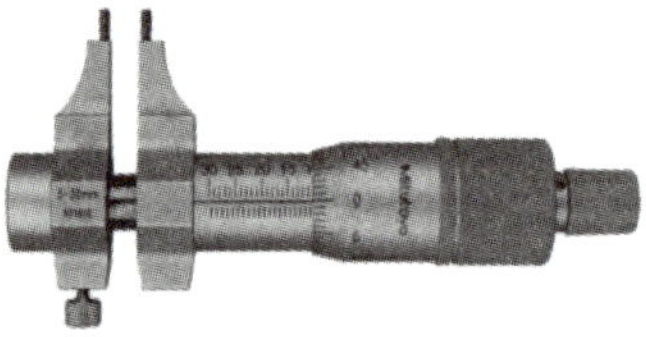	内径沟槽千分尺	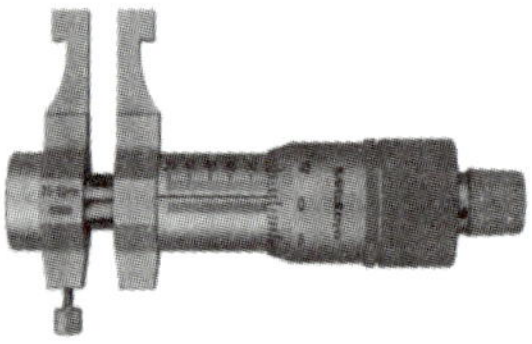
深度千分尺	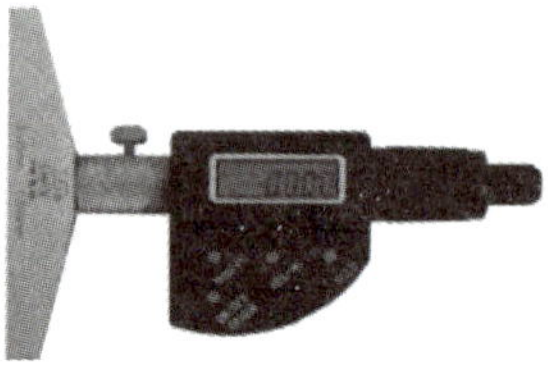	游标卡尺	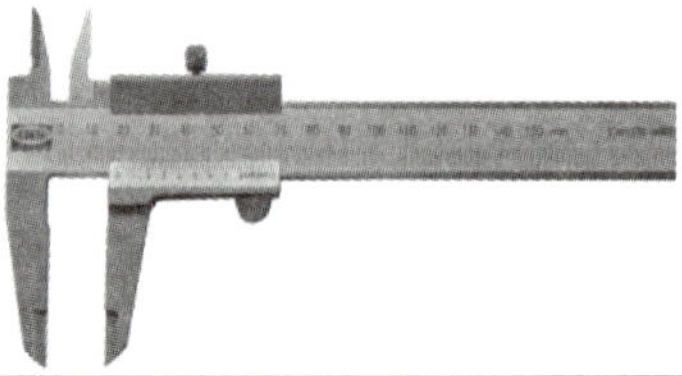
测量块		螺纹环规	
百分表		光滑塞规	

续表

量具名称	图示	量具名称	图示
叶片千分尺		三点内径千分尺	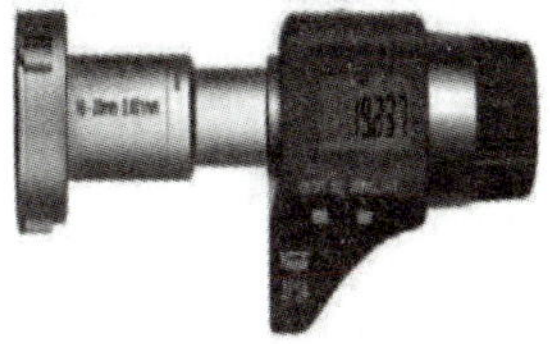

工序号	最佳使用的量具	量具使用的量程规格	可用量具 1	可用量具 2

五、切削要素的选择（见表 5-6）

表 5-6　切削要素的选择

工序号	主轴转速 /（r/min）	切削速度 /（m/min）	进给量 /（mm/r）	背吃刀量 /mm	材料	设备	刀具
	参考用量 200~400	参考用量 10~50	参考用量 0.05~0.30	参考用量 0.1~2			
1	粗加工	粗加工	粗加工	粗加工			
	精加工	精加工	精加工	精加工			
2	粗加工	粗加工	粗加工	粗加工			
	精加工	精加工	精加工	精加工			
3	粗加工	粗加工	粗加工	粗加工			
	精加工	精加工	精加工	精加工			
4	粗加工	粗加工	粗加工	粗加工			
	精加工	精加工	精加工	精加工			
备注							

六、编制程序卡

程序名：

七、实训过程（见表 5-7）

表 5-7 实训过程

<table>
<tr><td rowspan="7">实训前</td><td>项目</td><td>内容</td><td>完成打“√”</td><td>是否正确完成，正确打“√”，不正确打“×”</td><td>异常（或不正确）记录</td></tr>
<tr><td>1</td><td>检查机床设备是否正常</td><td></td><td></td><td></td></tr>
<tr><td>2</td><td>主轴旋转预热 2 min</td><td></td><td></td><td></td></tr>
<tr><td>3</td><td>安装刀具</td><td></td><td></td><td></td></tr>
<tr><td>4</td><td>程序输入</td><td></td><td></td><td></td></tr>
<tr><td>5</td><td>建立工件坐标系</td><td></td><td></td><td></td></tr>
<tr><td>6</td><td>量具的校对</td><td></td><td></td><td></td></tr>
<tr><td rowspan="8">加工中尺寸的记录</td><td>尺寸</td><td>粗加工或半精车测量的尺寸</td><td>输入机床的磨损数值</td><td>精加工测量的尺寸</td><td>异常（或不正确）记录</td></tr>
<tr><td></td><td></td><td></td><td></td><td></td></tr>
<tr><td></td><td></td><td></td><td></td><td></td></tr>
<tr><td></td><td></td><td></td><td></td><td></td></tr>
<tr><td></td><td></td><td></td><td></td><td></td></tr>
<tr><td></td><td></td><td></td><td></td><td></td></tr>
<tr><td></td><td></td><td></td><td></td><td></td></tr>
<tr><td></td><td></td><td></td><td></td><td></td></tr>
<tr><td rowspan="3">车削情况记录</td><td>内容</td><td>加工正常打“√”</td><td>加工不正常打“×”</td><td>异常（或不正确）记录</td><td>解决办法</td></tr>
<tr><td></td><td></td><td></td><td></td><td></td></tr>
<tr><td></td><td></td><td></td><td></td><td></td></tr>
<tr><td rowspan="4">实训结束</td><td>项目</td><td>内容</td><td>完成打“√”</td><td>是否正确完成，正确打“√”，不正确打“×”</td><td>异常（或不正确）记录</td></tr>
<tr><td>1</td><td>零件质量的自检</td><td></td><td></td><td></td></tr>
<tr><td>2</td><td>设备、仪器的整理</td><td></td><td></td><td></td></tr>
<tr><td>3</td><td>现场环境的卫生打扫</td><td></td><td></td><td></td></tr>
</table>

模块四　结果与评价

一、评分标准（见表 5-8）

表 5-8　评分标准

学生班级				学生姓名				
序号	项目	检测内容	配分	评分标准	实训结果	教师复查	扣分	得分
1	外圆	$\phi17_{-0.05}^{\ 0}$	8	超差 0.01 扣 2 分				
		$\phi22_{-0.05}^{\ 0}$	8	超差 0.01 扣 2 分				
		$\phi27_{-0.05}^{\ 0}$	8	超差 0.01 扣 2 分				
		$\phi18_{-0.05}^{\ 0}$	8	超差 0.01 扣 2 分				
2	长度	12	6	超差 0.01 扣 2 分				
		19	6	超差 0.01 扣 2 分				
		44	6	超差 0.01 扣 2 分				
3	锥度	70°	5	超差不得分				
4	圆弧	$R6$	5	超差不得分				
		$R6$	5	超差不得分				
5	槽	$4_{\ 0}^{+0.05}$	10	超差 0.01 扣 2 分				
6	粗糙度	$Ra3.2$	10	等级超差无分				
7	同轴度 A	0.05	5	超差不得分				
8	倒角	$C0.5$	5	不合格无分				
		倒钝去毛刺	5	不合格无分				
9	文明生产	发生重大事故取消加工资格；按照有关规定每违反一项，从总分中扣除 3～50 分						
10	其他项目	工件必须完整，工件局部无缺陷（如夹伤、划痕等），可根据零件酌情扣除						
11	加工时间	此项目加工时间为 40 min/(人·件)，每超 1 min 则从总分中扣除 1 分						
记事（如有不文明生产或安全事故记录于此）								
开始时间	开始：　时　　分；			结束：　时　　分		总分		
复检学生		抽检教师			日期			

二、三方评价

小组评价	① 本组展示的产品符合技术标准吗？ 合格□　　　不良□　　　报废□ ② 与其他组相比，本组的产品工艺你认为： 工艺优化□　　　工艺合理□　　　工艺一般□ ③ 本组介绍成果表达是否清晰？ 很好□　　　一般，常补充□　　　不清晰□ ④ 本组演示产品检测方法操作正确吗？ 正确□　　　部分正确□　　　不正确□ ⑤ 本组演示操作时遵循了“5S”的工作要求吗？ 符合工作要求□　　　忽略了部分要求□　　　完全没有遵循□ ⑥ 本组成员团队创新精神如何？ 良好□　　　一般□　　　不足□ ⑦ 总结这次任务，该组是否达到学习目标？本组的建议是什么？你给予本组的评分是多少？其他应注意哪些内容？
自我评价	① 你的产品符合技术标准吗？ 合格□　　　不良□　　　报废□ ② 你的产品工艺你认为： 工艺优化□　　　工艺合理□　　　工艺一般□ ③ 你操作时遵循了“5S”及安全操作规程的工作要求吗？ 符合工作要求□　　　忽略了部分要求□　　　完全没有遵循□ ④ 学完本课你达到学习目标了吗？ 良好□　　　一般□　　　不足□ ⑤ 通过实训你有哪些不足？
教师评价	① ____________学生本课作品成绩。 A+□　　　A-□　　　B+□　　　B-□ C+□　　　C-□　　　D+□　　　D-□ ② 教师评语。

三、习 题

1. 选择题

（1）下列属于外圆车槽复合循环指令的是（　　）。

A. G71　　B. G72　　C. G73　　D. G75

（2）粗车切槽时应该使用左偏刀。（　　）

A. 对　　B. 错

（3）程序段“G75　X50　Z-100”中 Z-100 的含义是（　　）。

A. 直径坐标　　B. 长度坐标

C. 切槽长度终点坐标　　D. 以上都不对

（4）内径千分尺除了可以用来测量内径外，还可以测量（　　）。

A. 螺纹中径　　B. 轴上沟槽宽度

C. 齿轮外圆　　D. 都可以测量

2. 判断题

（1）机夹式切槽刀是标准刀具，可以不考虑安装角度。（　　）

（2）切槽时切削用量可以和车削外圆相同。（　　）

（3）切槽刀和切断车刀规格是一样的，区别在于切削部分的长度不同。（　　）

（4）机夹式切槽车刀是标准刀具，可以不用加上刀具补偿值。（　　）

3. 填空题

（1）精车循环 G75 指令中 Δd 表示（　　）。

（2）外径千分尺的常用规格有：（　　）。

（3）G75 指令格式为：G75（　　）；G75（　　）。

（4）切槽车刀一般用（　　）对刀。

项目六　螺纹轴的车削加工

【知识目标】

（1）本项目涉及的专业理论知识；
（2）本项目涉及的设备、刀具、工量具等；
（3）拟定合理的加工工艺；
（4）正确规范使用工量具；
（5）巩固圆弧 G02/G03、G71/G70/G75 的正确运用；
（6）螺纹切削指令 G92 的正确运用；
（7）螺纹车刀的正确对刀。

【技能目标】

（1）正确拟定加工工艺路线；
（2）尺寸链的正确运算；
（3）正确进行程序输入和运行（本项目所涉及的程序指令）；
（4）零件各尺寸和表面质量的正确控制。

【素养目标】

（1）具有事业心和责任感，爱岗敬业，乐于奉献；
（2）具有安全、文明生产及环境保护意识。

模块一　任务引入

【加工图】

零件加工图如图 6-1 所示。

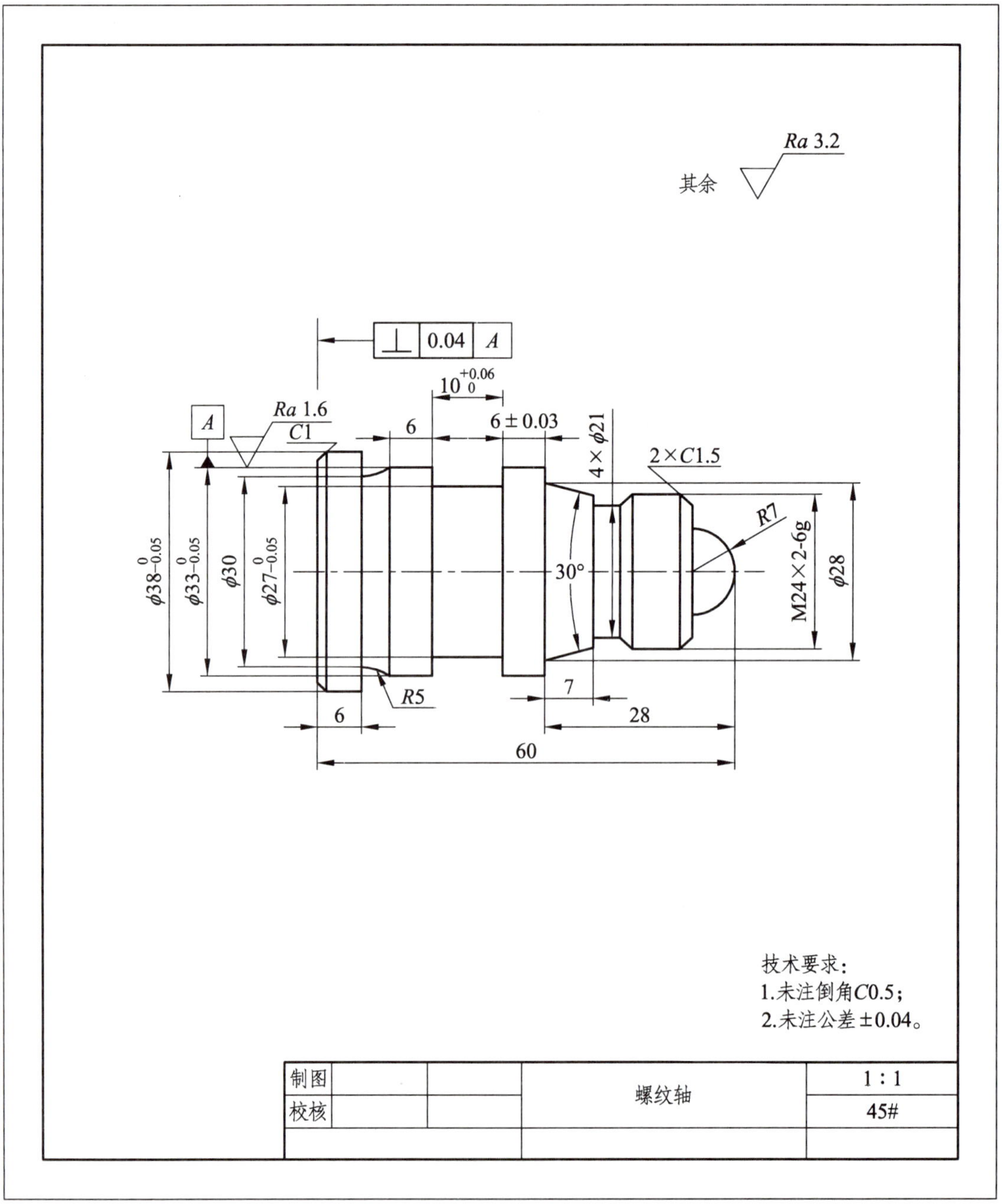

图 6-1　零件加工图

【学习活动】

活动一：图纸分析；
活动二：相关知识学习；
活动三：查找资料，收集本任务所需要的信息；
活动四：制订工作计划；
活动五：过程考核评价；
活动六：三方总结、点评。

【学习地点】

数控车实训中心。

【学习课时】

12 学时。

模块二　相关知识

一、螺纹加工简述

螺纹加工是在圆柱上加工出特殊形状螺旋槽的过程。螺纹常见的用途是连接紧固、传递运动等。螺纹常见的加工方法有：滚丝或螺纹成型、攻丝、铣削螺纹、车削螺纹等。CNC 车床可加工出高质量的螺纹，本项目主要学习用 CNC 车床车削螺纹的工艺编程方法。

车削螺纹加工是在车床上，控制进给运动与主轴旋转同步，加工出特殊形状螺旋槽的过程。螺纹形状主要由切削刀具的形状和安装位置决定。螺纹导程由刀具进给量决定。

CNC 编程加工最多的是普通螺纹，螺纹牙型为三角形，牙型角为 60°。普通螺纹分粗牙普通螺纹和细牙普通螺纹。粗牙普通螺纹的螺距是标准螺距，其代号用字母“M”及公称直径表示，如 M16、M12 等。细牙普通螺纹代号用字母“M”及公称直径×螺距表示，如 M24×1.5、M27×2 等。

二、螺纹加工刀具

普通螺纹加工刀具刀尖角通常为 60°，螺纹车刀片的形状跟螺纹牙型一样，螺纹刀切削不仅用于切削，而且使螺纹成型。

机夹式螺纹车刀如图 6-2 所示，分为外螺纹车刀和内螺纹车刀两种。可转位螺纹车刀是弱支撑，刚度与强度均较差。

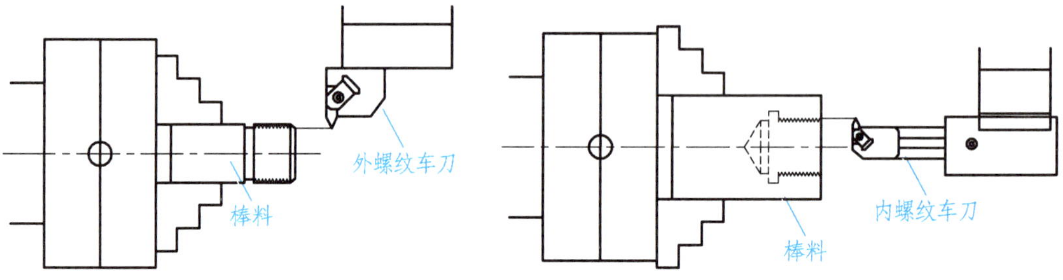

图 6-2　车削螺纹加工

装夹外螺纹车刀时，刀尖应与主轴线等高（可根据尾座顶尖高度检查）。车刀刀尖角的对称中心线必须与工件轴线垂直，装刀时可用样板来对刀。

三、螺纹加工过程

一个螺纹的车削需要多次切削加工而成，每次切削逐渐增加螺纹深度，否则会影响刀具的使用寿命。为实现多次切削的目的，机床主轴必须恒定转速旋转，且必须与进给运动保持同步，保证每次刀具切削开始位置相同，保证每次切削深度都在螺纹圆柱的同一位置上，最后一次走刀加工出适当的螺纹尺寸、形状、表面质量和公差，并得到合格的螺纹。

如图 6-3 所示，编程中，每次螺纹加工走刀至少有 4 次基本运动（直螺纹）。

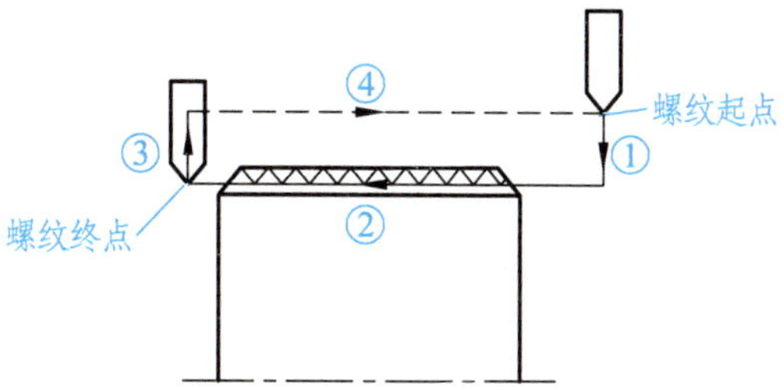

图 6-3　螺纹加工路线

运动①：将刀具从起始位置 X 向快速（G00 方式）移动至螺纹计划切削深度处。

运动②：加工螺纹——轴向螺纹加工（进给率等于螺距）。

运动③：刀具 X 向快速（G00 方式）退刀至螺纹加工区域外的位置。

运动④：快速（G00 方式）返回至起始位置。

四、螺纹加工工艺事项

1. 螺纹切削起始位置

螺纹切削起始位置，既是螺纹加工的起点，又是最终的返回点，必须定义在工件外，但又必须靠近工件。X 轴方向每侧比较合适的最小间隙大约为 2.5 mm，粗牙螺纹的间隙更大一些。

Z 轴方向的间隙需要特殊考虑。在螺纹刀接触材料之前，其速度必须达到 100%编程进给率。由于螺纹加工的进给量等于螺纹导程，所以需要一定的时间达到编程进给率。如同汽车在达到正常行驶速度以前需要时间来加速一样，螺纹车刀在接触材料前也必须达到指定的进给率，确定前端安全间隙量时必须考虑加速的影响，故必须设置合理的导入距离。导入距离一般为螺纹导程长度的 3 ~ 4 倍。同理，螺纹切削结束前，存在减速问题，故必须合理设置导出距离。

在某些情况下，由于没有足够空间而必须减小 Z 轴间隙，唯一的补救办法就是降低主轴转速（r / min）——不降低进给率。

2. 从螺纹退刀

为了避免损坏螺纹，刀具沿 Z 轴运动到螺纹末端时，必须立即离开工件，退刀运动有两种形式，即沿一根轴方向直线离开（通常沿 X 轴），或沿两根轴方向斜线离开（沿 XZ 轴同时运动），如图 6-4 所示。

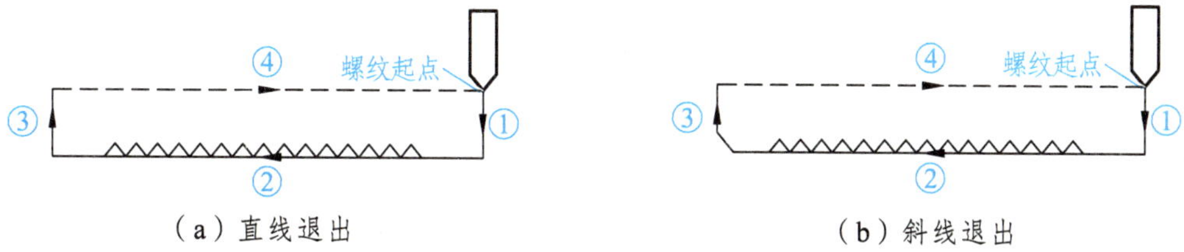

图 6-4　螺纹退刀

通常如果刀具在比较开阔的地方结束加工，例如退刀槽或凹槽，那么可以使用直线退出，车螺纹 Z 向终点位置一般选在退刀槽的中点，使用快速运动 G00 指令编写直线退出动作，如：

N63 G32 Z-20 F2；（螺纹加工程序）

N64 G00 X50；

如果刀具结束加工的地方并不开阔，那么最好选择斜线退出，斜线退出运动可以加工出更高质量的螺纹，也能延长螺纹刀片的使用寿命。斜线退出时，螺纹加工 G 代码和进给率必须有效。退出的长度通常为导程，推荐使用的角度为 45°，退出程序如下：

……

N63 G32 Z-20 F2；（螺纹加工程序）

N64 U4 W2；　　（斜线退出，螺纹加工状态）

N65 G00 X50；　　（快速退出）

五、螺纹的计算

1. 螺纹加工大径和小径的计算

三角形螺纹的理论牙型如图 6-5 所示。由于螺纹不能一次切削加工出所需深度，所以总深度必须分成一系列可操控的深度，每次的深度取值，不仅要考虑螺纹直径，还要考虑加工条件：刀具类型、材料以及安装的总体刚度。

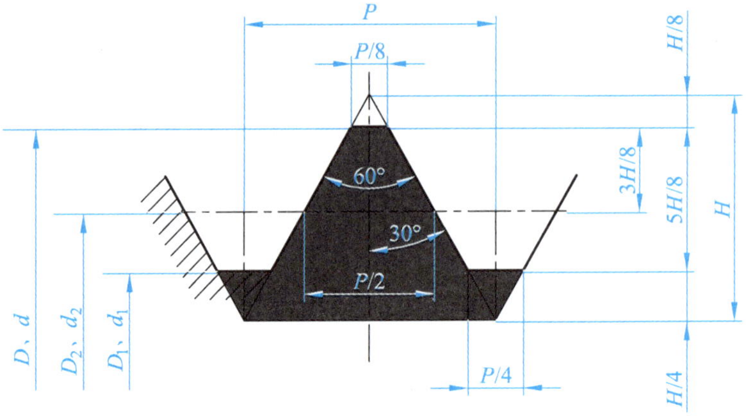

D—内螺纹大径（公称直径）；*d*—外螺纹大径（公称直径）；D_2—内螺纹中径；d_2—外螺纹中径；D_1—内螺纹小径；d_1—外螺纹小径；*P*—螺距；*H*—原始三角形高度。

图 6-5　螺纹参数值

螺纹加工中随着切削深度的增加，刀片上的切削载荷越来越大。对螺纹、刀具或两者的损坏可以通过保持刀片上的恒定切削载荷来避免。要保持恒定切削载荷，一种方法是逐渐减少螺纹的加工深度。

每次切削深度的计算并不需要复杂的公式，但需要一些常识和经验。螺纹加工循环在控制系统中建立了自动计算切削深度的算法，手动计算的逻辑是一样的。

车三角形外螺纹时，由于受车刀挤压，会使螺纹大径尺寸胀大，所以车螺纹前大径一般应车得比基本尺寸小约 $0.1P$。车削三角形内螺纹时，内孔直径会缩小，所以车削内螺纹前的孔径要比内螺纹小径略大些。可采用下列近似公式计算：

$$螺纹实际大径 = 公称直径\ D - 0.1P$$

$$螺纹实际小径\ d_{1计} = D - 1.3P$$

对于内螺纹，实际内孔小径可取：

$$钢和塑性材料取\ D_{1计} = D - P$$

$$铸铁和脆性材料取\ D_{1计} = D - (1.05 - 1.1)P$$

螺纹的实际大径：

$$D_{计} = D$$

2. 线　数

圆柱端面上螺纹的数目，用 n 表示。沿一条螺旋线形成的螺纹为单线螺纹；沿两条或两条以上，在轴向等距离分布的螺旋线所形成的螺纹，为多线螺纹，如图 6-6 所示。

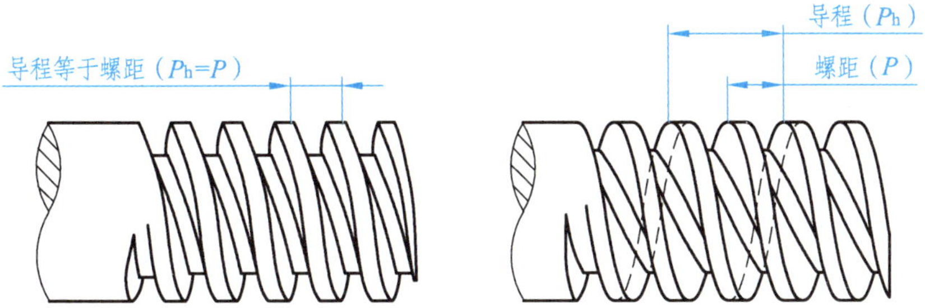

图 6-6　单头螺纹（左）和双头螺纹（右）

六、螺纹的螺距、导程、旋向

1. 螺距和导程

螺距（代号：P）：相邻两牙中径线上对应两点间的轴向距离。

导程（代号：P_h）：螺旋线形成的螺纹上的相邻两牙，在中径线上对应两点间的轴向距离。

对于单线螺纹，导程 = 螺距；对于多线螺纹，导程 = 螺距 × 线数。

2. 旋　向

螺纹旋向如图 6-7 所示。

（a）左旋　　（b）右旋

图 6-7　螺纹旋向

顺时针旋转时旋入的螺纹，称为右旋螺纹，如图 6-7（b）所示；逆时针旋转时旋入的螺纹，称为左旋螺纹，如图 6-7（a）所示。

牙型、大径、螺距、线数和旋向是确定螺纹几何尺寸的五要素。只有五要素完全相同的外螺纹和内螺纹才能相互旋合在一起。

七、螺纹的主轴转速及进给率

螺纹加工时将以特定的进给量切削，进给量与螺纹导程相同，CNC 在螺纹加工模式下控制主轴转速与螺纹加工进给同步运行。螺纹加工是典型高进给率加工，比如加工导程为 3 mm 的螺纹，进给量则是 3 mm/r。

螺纹加工的主轴转速直接使用恒定转速（r/min）编程，而不是恒线速度（CSS），这就意味着准备功能 G97 必须与地址字 S 一起使用来指定主轴转速，例如“G97 S700 M03”，表示主轴转速为 700 r/min。那么如果加工导程为 3 mm 的螺纹，其进给速度计算如下：

$F = 700\ \text{r/min} \times 3\ \text{mm/r} = 2\ 100\ \text{mm/min}$

为保证正确加工螺纹，在螺纹切削过程中，主轴速度倍率功能失效，进给速度倍率无效。

编程数字处理：

$$\text{螺纹外圆直径} = \text{公称直径}\ D - 0.1P = 30 - 0.1 \times 2 = 29.8\ (\text{mm});$$

$$\text{螺纹小径}\ d_{1计} = D - 1.3P = 30 - 1.3 \times 2 = 27.4\ (\text{mm})。$$

八、螺纹切削指令 G92

1. 指令格式

G92 X（U）　Z（W）　I　F　Q;

2. 参数说明

X、Z：绝对值编程时，为螺纹终点在工件坐标系下的坐标。

增量值编程时，为螺纹终点相对于循环起点的有向距离，图形中用 U、W 表示。

I：为螺纹起点与螺纹终点的半径差，其符号为差的符号（无论是绝对值编程还是增量值编程）。

F：螺纹导程。

Q：螺纹旋转角度（多线螺纹使用）。

3. 编程数字处理

加工如图 6-8（a）所示的螺纹。

螺纹外圆小端直径 = 公称直径 $D - 0.1P = 25 - 0.1 \times 2 = 24.8$（mm）；

螺纹外圆大端直径 = 公称直径 $D - 0.1P = 30 - 0.1 \times 2 = 29.8$（mm）；

升速进刀段 = 3 mm，减速退刀段 = 2 mm。

图 6-8（b）中 A 点的坐标 $X = 30.3$，$Z = -34$；

图 6-8（b）中 B 点的坐标 $X = 24.5$，$Z = 3$。

$I = (24.5 \div 2) - (30.3 \div 2) = -2.9$（mm）。

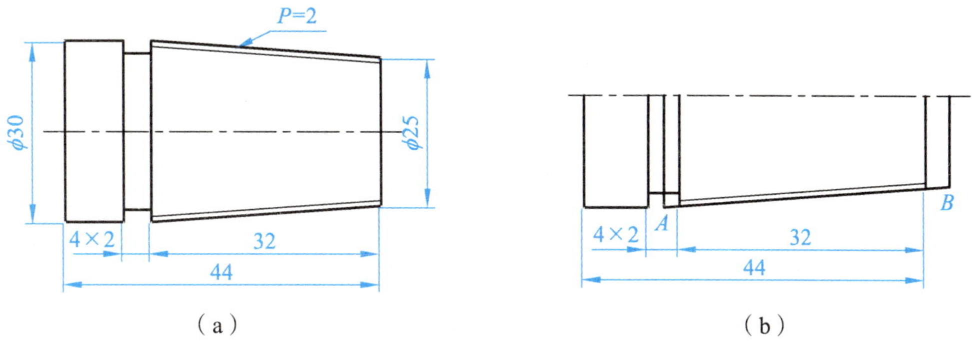

图 6-8　坐标示意图

九、螺纹切削复合循环指令 G76

螺纹切削固定循环 G76 执行如图 6-9 所示的加工轨迹。

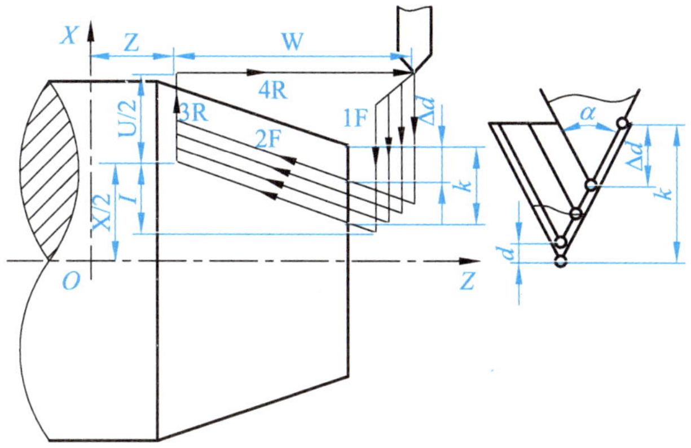

图 6-9　复合螺纹切削循环与进刀法

编程格式：

G76 P (m)　(r) (α)　Q (Δdmin)　R(d)

G76 X(U)　Z(W)　R(I)　P(k)　Q(Δd)　F(f)

式中，m 为精加工重复次数；r 为倒角量，该值的大小可设定在 0 ~ 9.9 L 之间，系数为 0.1 的整数倍，用 00 ~ 99 之间的两位数来表示，其中 L 为螺距；α 为刀尖角；Δdmin 为最小切入量，用半径编程指定；d 为精加工余量，用半径编程指定；X(U) Z(W)为终点坐标；I 为螺纹部分半径之差，即螺纹切削起始点与切削终点的半径差，加工圆柱螺纹时，I = 0，加工圆锥螺纹时，当 X 向切削起始点坐标小于切削终点坐标时，I 为负，反之为正；k 为螺牙的高度（X 轴方向的半径值）；Δd 为第一次切入量（X 轴方向的半径值）；f 为螺纹导程。

模块三　任务实施

一、制订工作计划（见表 6-1）

表 6-1　工作计划

阶段	任务分配	计划工作内容	预计用时	实际用时	负责人
1	小组全体成员	分析图纸、尺寸			
2	小组全体成员	拟定工艺规程			
3	小组全体成员	分解工作内容			
4	编程员（分工）	编制程序			
5	操作员（分工）	零件装夹、刀具准备			
6	工艺员（分工）	工艺编写			
7	小组全体成员	共同测量			

二、编制工艺卡（见表 6-2）

表 6-2　工艺卡

<table>
<tr><td colspan="2">加工轨迹图样（绘制草图）</td><td colspan="5"></td></tr>
<tr><td colspan="7">编制工艺文件</td></tr>
<tr><td rowspan="2">院校</td><td rowspan="2"></td><td colspan="3" rowspan="2">机械加工工艺过程卡片</td><td>项目名称</td><td>编号</td></tr>
<tr><td></td><td></td></tr>
<tr><td colspan="2">备料</td><td></td><td colspan="2">材料牌号</td><td colspan="2"></td></tr>
<tr><td>工序号</td><td>工序名称</td><td>工序内容</td><td>组</td><td>设备</td><td>夹具</td><td>工时</td></tr>
<tr><td></td><td></td><td></td><td></td><td></td><td></td><td></td></tr>
<tr><td></td><td></td><td></td><td></td><td></td><td></td><td></td></tr>
<tr><td></td><td></td><td></td><td></td><td></td><td></td><td></td></tr>
<tr><td></td><td></td><td></td><td></td><td></td><td></td><td></td></tr>
<tr><td></td><td></td><td></td><td></td><td></td><td></td><td></td></tr>
</table>

三、刀具的选择（见表 6-3）

表 6-3　刀具选择

刀具名称	图示	刀具名称	图示
80°外圆车刀		60°外圆车刀	
35°外圆车刀		35°仿形车刀	
外螺纹车刀		外形切槽刀	
外形圆弧切槽刀		端面切槽刀	
80°内孔车刀		60°内孔车刀	
内孔螺纹车刀	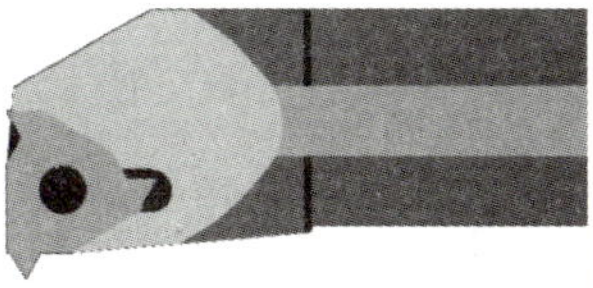	内孔沟槽车刀	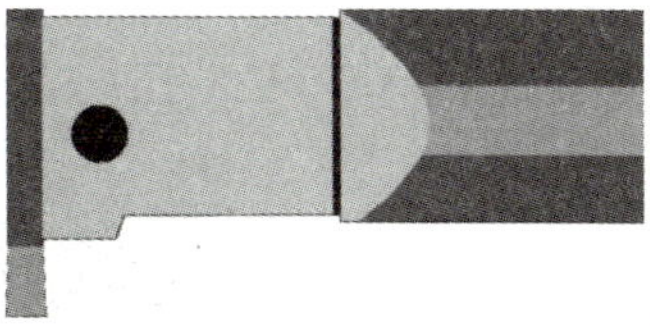

续表

工序号	最佳使用的刀具	刀具使用的规格	可用刀具 1	可用刀具 2

四、量具的选择（见表 6-4）

表 6-4　量具选择

量具名称	图示	量具名称	图示
外径千分尺	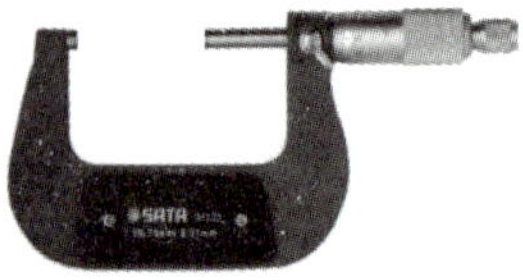	公法线千分尺	
内径两点千分尺	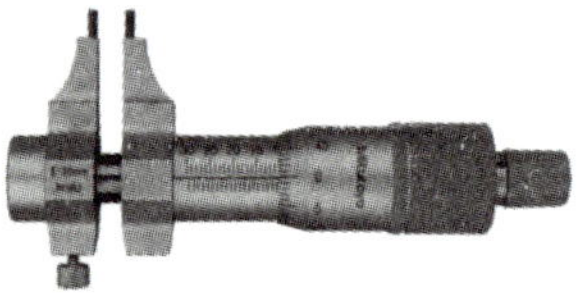	内径沟槽千分尺	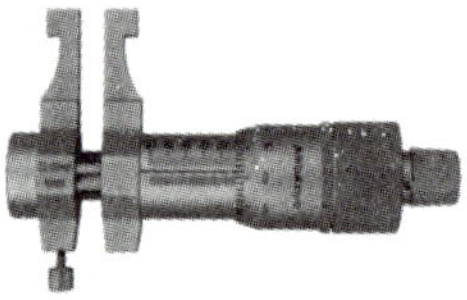
深度千分尺		游标卡尺	
测量块		螺纹环规	
百分表		光滑塞规	
叶片千分尺		三点内径千分尺	

续表

工序号	最佳使用的量具	量具使用的量程规格	可用量具 1	可用量具 2

五、切削要素的选择（见表 6-5）

表 6-5　切削要素的选择

工序号	主轴转速/（r/min）	切削速度/（m/min）	进给量/（mm/r）	背吃刀量/mm	材料	设备	刀具
	参考用量 200~400	参考用量 10~50	参考用量 0.05~0.30	参考用量 0.1~2			
1	粗加工	粗加工	粗加工	粗加工			
	精加工	精加工	精加工	精加工			
2	粗加工	粗加工	粗加工	粗加工			
	精加工	精加工	精加工	精加工			
3	粗加工	粗加工	粗加工	粗加工			
	精加工	精加工	精加工	精加工			
4	粗加工	粗加工	粗加工	粗加工			
	精加工	精加工	精加工	精加工			
备注							

六、编制程序卡

程序名：

七、实训过程（见表6-6）

表6-6　实训过程

实训前	项目	内容	完成打“√”	是否正确完成，正确打“√”，不正确打“×”	异常（或不正确）记录
	1	检查机床设备是否正常			
	2	主轴旋转预热2 min			
	3	安装刀具			
	4	程序输入			
	5	建立工件坐标系			
	6	量具的校对			
加工中尺寸的记录	尺寸	粗加工或半精车测量的尺寸	输入机床的磨损数值	精加工测量的尺寸	异常（或不正确）记录
车削情况记录	内容	加工正常打“√”	加工不正常打“×”	异常（或不正确）记录	解决办法
实训结束	项目	内容	完成打“√”	是否正确完成，正确打“√”，不正确打“×”	异常（或不正确）记录
	1	零件质量的自检			
	2	设备、仪器的整理			
	3	现场环境的卫生打扫			

模块四　结果与评价

一、评分标准（见表 6-7）

表 6-7　评分标准

学生班级				学生姓名				
序号	项目	检测内容	配分	评分标准	实训结果	教师复查	扣分	得分
1	外　圆	$\phi 38_{-0.05}^{\ 0}$	6	超差 0.01 扣 2 分				
		$\phi 33_{-0.05}^{\ 0}$	6	超差 0.01 扣 2 分				
		$\phi 27_{-0.05}^{\ 0}$	6	超差 0.01 扣 2 分				
		$\phi 28$	6	超差 0.01 扣 2 分				
2	长度	28	6	超差 0.01 扣 2 分				
		7	6	超差 0.01 扣 2 分				
		6	6	超差 0.01 扣 2 分				
		6±0.03	6	超差 0.01 扣 2 分				
		60	6	超差 0.01 扣 2 分				
3	锥度	30°	5	超差不得分				
4	圆弧	*R*5	4	超差不得分				
		*R*7	4	超差不得分				
5	槽	$10_{\ 0}^{+0.06}$	6	超差 0.01 扣 2 分				
6	螺纹	M24×2-6g	8	超差不得分				
7	粗糙度	*Ra*3.2	4	等级超差无分				
8	垂直度 *A*	0.04	5	超差不得分				
9	倒角	未注倒角 *C*0.5	5	不合格无分				
		倒钝去毛刺	5	不合格无分				
10	文明生产	发生重大事故取消加工资格；按照有关规定每违反一项，从总分中扣除 3～50 分						
11	其他项目	工件必须完整，工件局部无缺陷（如夹伤、划痕等），可根据零件酌情扣除						
12	加工时间	此项目加工时间为 40 min/（人・件），每超 1 min 则从总分中扣除 1 分						
记事（若有不文明生产或安全事故记录于此）								
开始时间	开始：　时　　分；			结束：　时　　分		总分		
复检学生		抽检教师			日期			

二、三方评价

小组评价	① 本组展示的产品符合技术标准吗？ 合格□ 不良□ 报废□ ② 与其他组相比，本组的产品工艺你认为： 工艺优化□ 工艺合理□ 工艺一般□ ③ 本组介绍成果表达是否清晰？ 很好□ 一般，常补充□ 不清晰□ ④ 本组演示产品检测方法操作正确吗？ 正确□ 部分正确□ 不正确□ ⑤ 本组演示操作时遵循了“5S”的工作要求吗？ 符合工作要求□ 忽略了部分要求□ 完全没有遵循□ ⑥ 本组成员团队创新精神如何？ 良好□ 一般□ 不足□ ⑦ 总结这次任务，该组是否达到学习目标？本组的建议是什么？你给予本组的评分是多少？其他应注意哪些内容？
自我评价	① 你的产品符合技术标准吗？ 合格□ 不良□ 报废□ ② 你的产品工艺你认为： 工艺优化□ 工艺合理□ 工艺一般□ ③ 你操作时遵循了“5S”及安全操作规程的工作要求吗？ 符合工作要求□ 忽略了部分要求□ 完全没有遵循□ ④ 学完本课你达到学习目标了吗？ 良好□ 一般□ 不足□ ⑤ 通过实训你有哪些不足？
教师评价	① ＿＿＿＿＿＿学生本课作品成绩。 A+□ A-□ B+□ B-□ C+□ C-□ D+□ D-□ ② 教师评语。

三、习　题

1. 选择题

（1）加工 M16×1.5 外螺纹，选择下列最合理的指令是（　　）。

A. G32　　B. G33　　C. G92　　D. G76

（2）螺纹的综合测量应使用（　　）。

A. 螺纹千分尺　　B. 游标卡尺　　C. 螺纹量规　　D. 叶片千分尺

（3）采用三针测量法测量螺纹中径属于（　　）测量方法。

A. 直接　　B. 相对　　C. 绝对　　D. 精密

（4）加工螺距较大的螺纹，为延长刀具使用寿命，应使用（　　）指令进行车削。

A. G32　　B. G33　　C. G92　　D. G76

2. 判断题

（1）车削螺纹时，为使加工质量得到保证，主轴一定要采用高转速。（　　）

（2）加工标准螺纹，螺纹车刀的刀尖角度都为 60°。（　　）

（3）用硬质合金车刀车削螺纹，适合用于中小批量零件的生产。（　　）

（4）螺纹大径又称为公称直径。（　　）

3. 填空题

（1）普通三角形螺纹分为（　　　　）和（　　　　）。

（2）在 GSKTDB 数控系统中，G92 螺纹指令中“F”为（　　　　）。

（3）M24×2-5g-6g 的含义：（　　　　）。

（4）螺纹小径计算公式为（　　　　）。

项目七　孔类零件的车削加工

【知识目标】

（1）本项目涉及的专业理论知识；

（2）本项目涉及的设备、刀具、工量具等；

（3）拟定合理的加工工艺；

（4）正确规范使用工量具；

（5）掌握内孔车刀的安装方法；

（6）车削内孔注意事项；

（7）内孔车削切削用量的合理控制。

【技能目标】

（1）正确拟定加工工艺路线；

（2）尺寸链的正确运算；

（3）正确进行程序的输入和运行（本项目所涉及的程序指令）；

（4）钻孔和车削相关注意事项。

【素养目标】

（1）具有团队协作意识，爱岗敬业，乐于奉献；

（2）具有安全、文明生产及环境保护意识。

模块一　任务引入

【加工图】

零件加工图如图 7-1 所示。

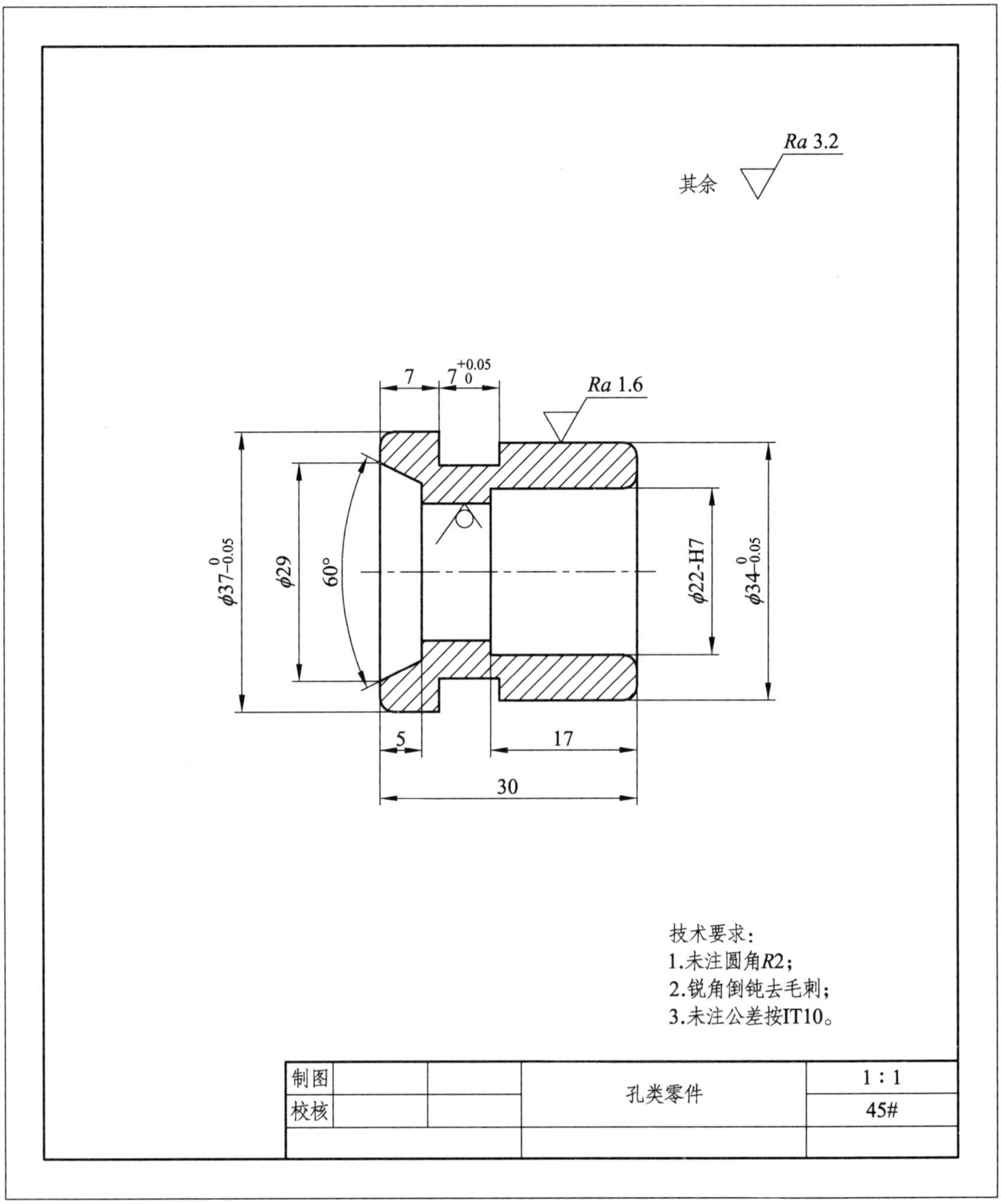

图 7-1　零件加工图

【学习活动】

活动一：图纸分析；

活动二：相关知识学习；

活动三：查找资料，收集本任务所需要的信息；

活动四：制订工作计划；

活动五：过程考核评价；

活动六：三方总结、点评。

【学习地点】

数控车实训中心。

【学习课时】

12 学时。

模块二　相关知识

一、钻孔基础知识

1. 麻花钻

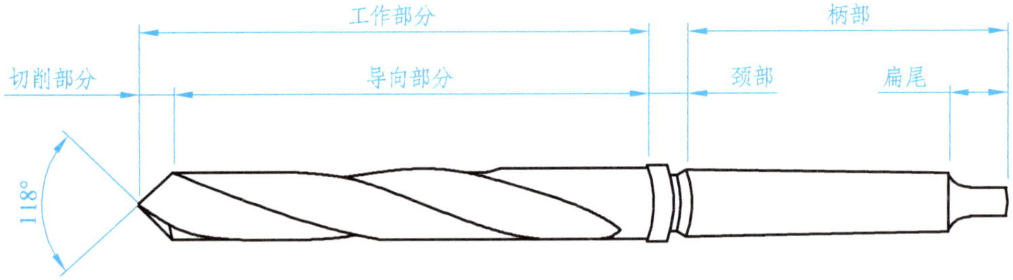

（a）锥柄麻花钻

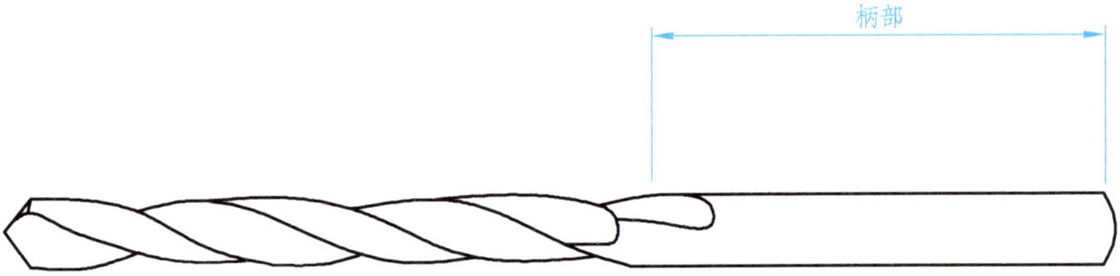

（b）直柄麻花钻

图 7-2　麻花钻

1）麻花钻的结构

标准麻花钻由工作部分、柄部、颈部三部分组成，如图 7-2 所示。

（1）工作部分是钻头的主要组成部分。它位于钻头的前半部分，也就是具有螺旋槽的部分。工作部分包括切削部分和导向部分。切削部分主要起切削的作用，导向部分主要起导向、排屑、切削部分后备的作用，如图 7-2（a）所示。

（2）柄部位于钻头的后半部分，起夹持钻头、传递转矩的作用，如图 7-2（b）所示。柄部有锥柄和直柄之分，钻头直径在 ϕ13 mm 以下做成直柄，利用钻夹头夹持住钻头；直径在 ϕ12 mm 以上做成莫氏锥柄，利用莫氏锥套与机床锥孔连接。莫氏锥柄后端有一个扁尾榫，其作用是供楔铁把钻头从莫氏锥套中卸下；在钻削时，扁尾榫可防止钻头与莫氏锥套打滑。

（3）颈部如图 7-2（a）所示。颈部是工作部分和柄部的连接处。颈部的直径小于工作部分和柄部的直径，其作用是便于磨削工作部分和柄部时砂轮的退刀；颈部也起标记打印的作用。直柄钻头没有颈部。

2）麻花钻的切削部分

麻花钻的切削部分由两个前面、两个后面、两个副后面、两条主切削刃、两条副切削刃和一条横刃组成，如图 7-3 所示。

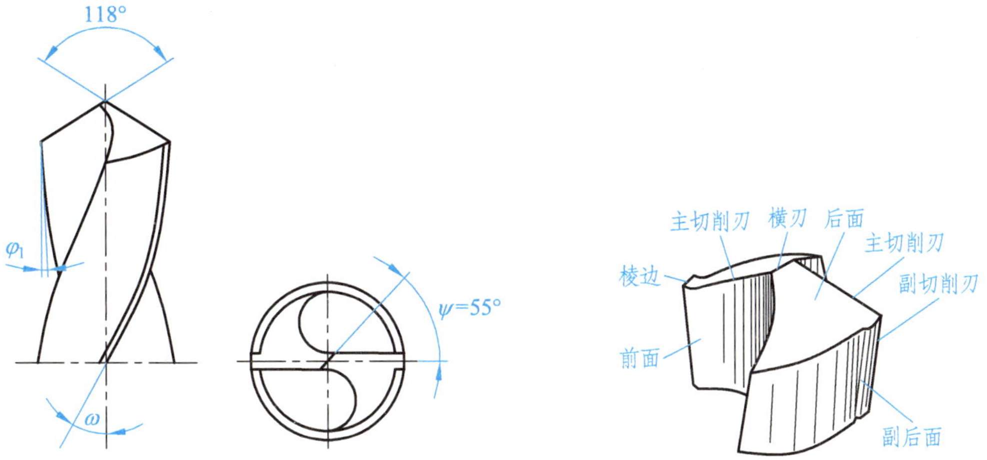

（a） （b）

图 7-3 麻花钻的切削部分

（1）前面：靠近主切削刃的螺旋槽表面。

（2）后面：与工件过渡表面相对的表面。

（3）副后面：又称刃带，是钻头外圆上沿螺旋槽凸起的圆柱部分。

（4）主切削刃：前面与后面的交线。

（5）副切削刃：前面与副后面的交线。

（6）顶角：在通过麻花钻轴线并与两主切削刃平行的平面上，两主切削刃投影间的夹角，标准麻花钻顶角为 118°。

（7）横刃：两个主切削刃的连接线，也即两后面的交线。

（8）横刃斜角：在垂直于麻花钻轴线的端面投影图上，横刃与主刀刃之间的夹角。它的大小是由主后角的大小决定的，后角大时，横刃斜角减小，横刃变长；后角小时，反之相反。横刃斜角一般是 55°。

3）麻花钻的装夹和拆卸

（1）锥柄麻花钻的装夹如图 7-4 所示，麻花钻的锥柄与车床尾座套筒的锥孔一致时，直接将麻花钻安装在套筒锥孔，如图 7-4（a）所示；当麻花钻的锥柄小于套筒锥孔时，可以通过过渡套来安装，如图 7-4（b）所示。拆卸莫氏过渡套中的麻花钻，可以用楔铁插入过渡套的腰形孔，敲击楔铁就可以把钻头卸下，如图 7-5 所示。

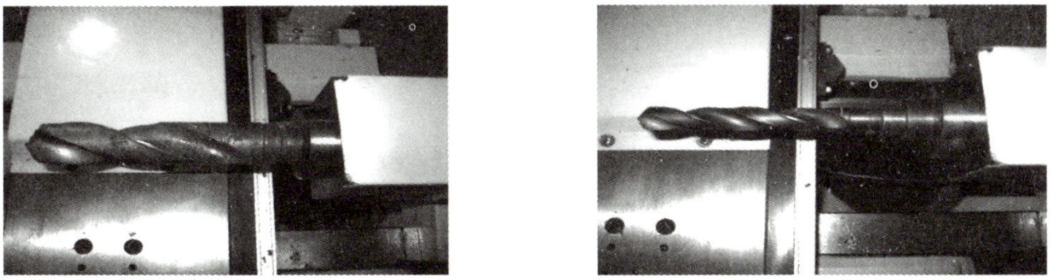

（a）直接安装麻花钻 （b）使用过渡套安装麻花钻

图 7-4 锥柄麻花钻的安装

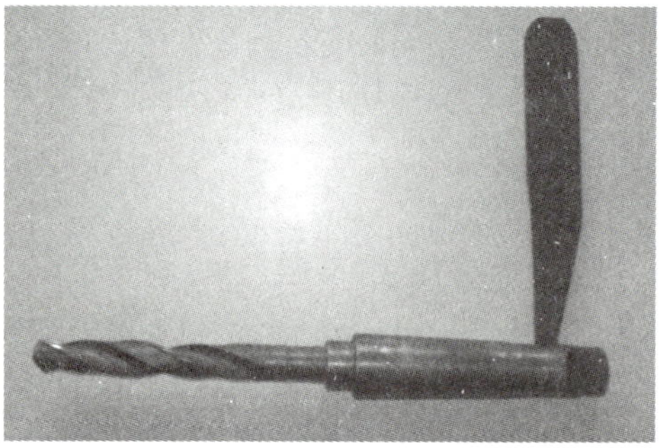

图 7-5　锥柄麻花钻的拆卸

（2）直柄麻花钻的装夹。直柄麻花钻由钻夹头装夹，再安装在尾座套筒上，如图 7-6 所示。

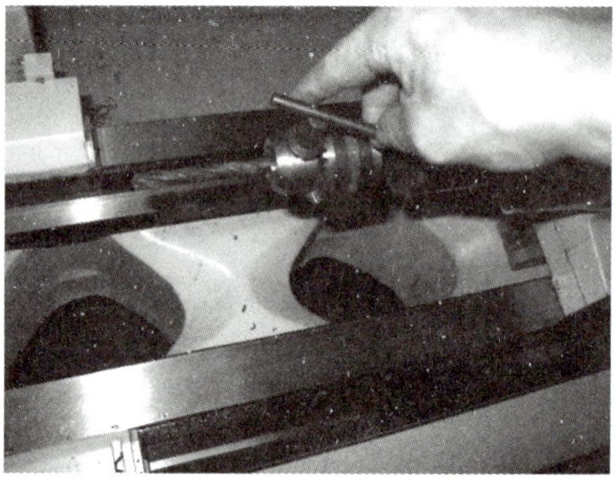

图 7-6　直柄麻花钻的安装

2. 扩孔钻

扩孔钻主要有高速钢扩孔钻和硬质合金扩孔钻两类。其用途为提高钻孔、铸造与锻造孔的孔径精度，IT 达 11 级以上表面粗糙度达 *Ra*3.2 μm。

扩孔钻分为柄部、颈部、工作部分三段，如图 7-7 所示。其切削部分则有：主切削刃、前刀面、后刀面、钻心和棱边五个结构要素，具体如图 7-8 所示。扩孔钻的刃磨方法与麻花钻的刃磨基本一致。

图 7-7　扩孔钻

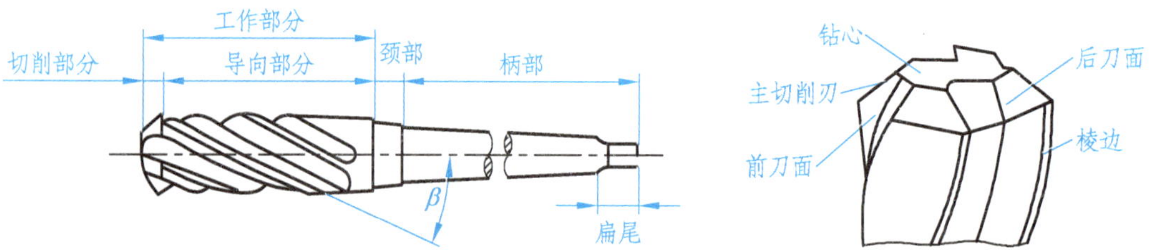

图 7-8　扩孔钻的结构要素

扩孔钻的主要特点：

（1）扩孔钻的齿数较多（一般有 3 ~ 4 齿），导向性好，切削平稳。

（2）切削刃不必自外缘一直到中心，没有横刃，可避免横刃对切削的不利影响。

（3）扩孔钻钻心粗，刚性好，可选用较大的切削用量。

二、钻　孔

用钻头在实体材料上加工孔的方法叫钻孔。钻孔属于粗加工，其尺寸精度一般可达 IT11 ~ IT12，表面粗糙度值可达 Ra12.5 ~ 25 μm。

1. 钻孔时背吃刀量 a_p 的选择

钻孔时的背吃刀量为麻花钻的半径，即

$$a_p = \frac{d}{2}$$

式中　a_p——背吃刀量（mm）；

d——麻花钻直径（mm）。

2. 钻孔时切削速度 v_c 的选择

钻孔时的切削速度：

$$v_c = \frac{\pi d n}{1\,000}$$

式中　v_c——切削速度（mm/min）；

d——麻花钻直径（mm）；

n——车床主轴转速（r/min）。

3. 时进给量 f 的选择

在车床上钻孔进给是用手转动车床尾座手轮来完成的，由于是手动进给，进给速度不容易控制，一般高速钢麻花钻钻孔时进给速度要慢一些，当使用硬质合金麻花钻钻孔及工件材料硬度较低时，进给速度可以适当提高。

4. 时切削液的选用

在车床上钻孔，属于半封闭加工，切削液很难进入切削区域，同时钻孔必须加注切削液进行冷却，钻孔时加注量和压力应当大一些，同时应当经常退出钻头，以利于冷却和排屑。

高速钢麻花钻钻低碳钢时，一般采用 1% ~ 2%的低浓度乳化液、电解质水溶液或矿物油，钻中碳钢时用 3% ~ 5%的中浓度乳化液或极压切削油，钻淬硬钢时用极压切削油。

硬质合金麻花钻钻低碳钢和中碳钢时，一般不用切削液，如选用可以加注 3% ~ 5%的中浓度乳化液，钻淬硬钢是用 10% ~ 20%的高浓度乳化油或极压切削油。

模块三　任务实施

一、制订工作计划（见表 7-1）

表 7-1　工作计划

阶段	任务分配	计划工作内容	预计用时	实际用时	负责人
1	小组全体成员	分析图纸、尺寸			
2	小组全体成员	拟定工艺规程			
3	小组全体成员	分解工作内容			
4	编程员（分工）	编制程序			
5	操作员（分工）	零件装夹、刀具准备			
6	工艺员（分工）	工艺编写			
7	小组全体成员	共同测量			

二、编制工艺卡（见表 7-2）

表 7-2　工艺卡

<table>
<tr><td colspan="2">加工轨迹图样（绘制草图）</td><td colspan="5"></td></tr>
<tr><td colspan="7">编制工艺文件</td></tr>
<tr><td rowspan="2">院校</td><td rowspan="2"></td><td colspan="2" rowspan="2">机械加工工艺过程卡片</td><td colspan="2">项目名称</td><td>编号</td></tr>
<tr><td colspan="2"></td><td></td></tr>
<tr><td colspan="2">备料</td><td></td><td colspan="2">材料牌号</td><td colspan="2"></td></tr>
<tr><td>工序号</td><td>工序名称</td><td>工序内容</td><td>组</td><td>设备</td><td>夹具</td><td>工时</td></tr>
<tr><td></td><td></td><td></td><td></td><td></td><td></td><td></td></tr>
<tr><td></td><td></td><td></td><td></td><td></td><td></td><td></td></tr>
<tr><td></td><td></td><td></td><td></td><td></td><td></td><td></td></tr>
<tr><td></td><td></td><td></td><td></td><td></td><td></td><td></td></tr>
<tr><td></td><td></td><td></td><td></td><td></td><td></td><td></td></tr>
</table>

三、刀具的选择（见表 7-3）

表 7-3　刀具选择

刀具名称	图示	刀具名称	图示
80°外圆车刀		60°外圆车刀	
35°外圆车刀		35°仿形车刀	
外螺纹车刀		外形切槽刀	
外形圆弧切槽刀		端面切槽刀	
80°内孔车刀		60°内孔车刀	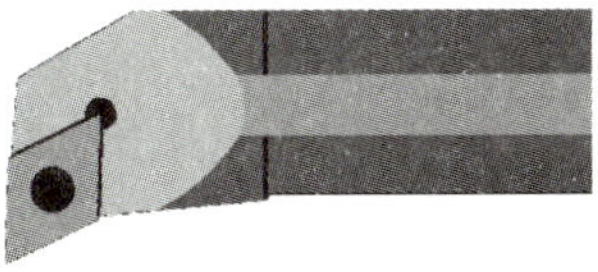
内孔螺纹车刀	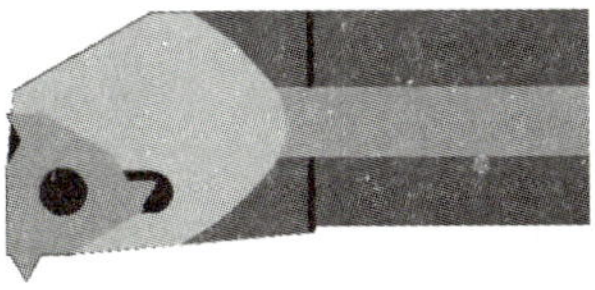	内孔沟槽车刀	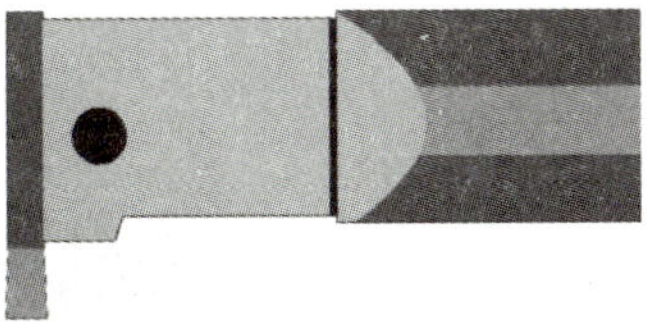

续表

工序号	最佳使用的刀具	刀具使用的规格	可用刀具 1	可用刀具 2

四、量具的选择（见表 7-4）

表 7-4　量具选择

量具名称	图示	量具名称	图示
外径千分尺	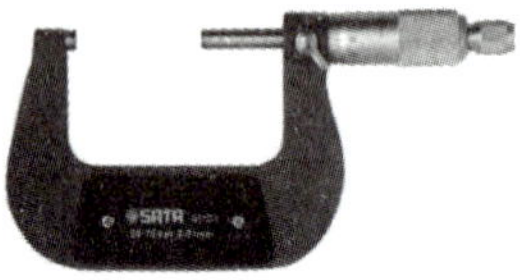	公法线千分尺	
内径两点千分尺	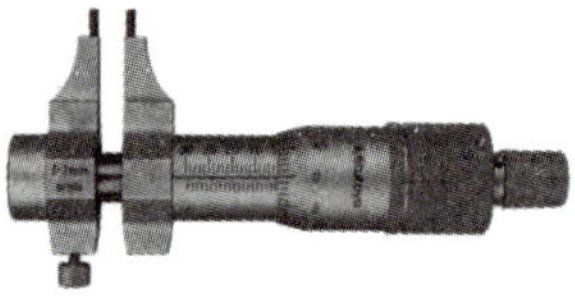	内径沟槽千分尺	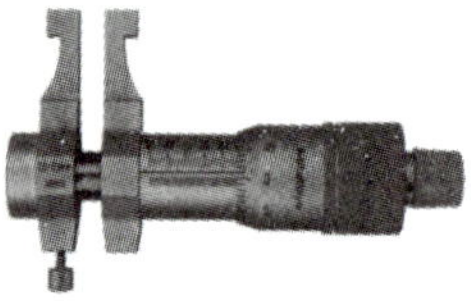
深度千分尺	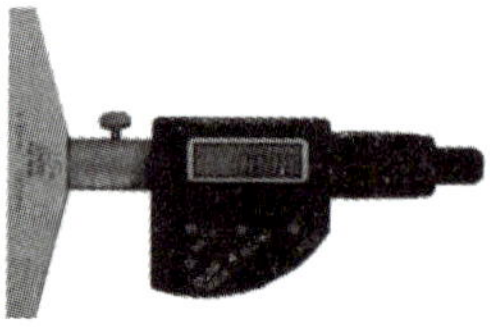	游标卡尺	
测量块		螺纹环规	
百分表		光滑塞规	
叶片千分尺		三点内径千分尺	

续表

工序号	最佳使用的量具	量具使用的量程规格	可用量具 1	可用量具 2

五、切削要素的选择（见表 7-5）

表 7-5 切削要素的选择

工序号	主轴转速 /（r/min）	切削速度 /（m/min）	进给量 /（mm/r）	背吃刀量 /mm	材料	设备	刀具
	参考用量 200~400	参考用量 10~50	参考用量 0.05~0.30	参考用量 0.1~2			
1	粗加工	粗加工	粗加工	粗加工			
	精加工	精加工	精加工	精加工			
2	粗加工	粗加工	粗加工	粗加工			
	精加工	精加工	精加工	精加工			
3	粗加工	粗加工	粗加工	粗加工			
	精加工	精加工	精加工	精加工			
4	粗加工	粗加工	粗加工	粗加工			
	精加工	精加工	精加工	精加工			
备注							

六、编制程序卡

程序名：

七、实训过程（见表 7-6）

表 7-6　实训过程

	项目	内容	完成打“√”	是否正确完成，正确打“√”，不正确打“×”	异常（或不正确）记录
实训前	1	检查机床设备是否正常			
	2	主轴旋转预热 2 min			
	3	安装刀具			
	4	程序输入			
	5	建立工件坐标系			
	6	量具的校对			

	尺寸	粗加工或半精车测量的尺寸	输入机床的磨损数值	精加工测量的尺寸	异常（或不正确）记录
加工中尺寸的记录					

	内容	加工正常打“√”	加工不正常打“×”	异常（或不正确）记录	解决办法
车削情况记录					

	项目	内容	完成打“√”	是否正确完成，正确打“√”，不正确打“×”	异常（或不正确）记录
实训结束	1	零件质量的自检			
	2	设备、仪器的整理			
	3	现场环境的卫生打扫			

模块四　结果与评价

一、评分标准（见表 7-7）

表 7-7　评分标准

学生班级				学生姓名				
序号	项目	检测内容	配分	评分标准	实训结果	教师复查	扣分	得分
1	外　圆	$\phi34_{-0.05}^{\ 0}$	10	超差 0.01 扣 2 分				
		$\phi37_{-0.05}^{\ 0}$	10	超差 0.01 扣 2 分				
2	长度	5	5	超差 0.01 扣 2 分				
		17	5	超差 0.01 扣 2 分				
		30	8	超差 0.01 扣 2 分				
		7	5	超差 0.01 扣 2 分				
3	锥度	60°	10	超差不得分				
4	圆弧	$R2$ 3 处	12	每处 4 分超差不得分				
5	内圆	ϕ 22-H7	10	超差 0.01 扣 2 分				
6	粗糙度	$Ra1.6$	5	等级超差无分				
		$Ra3.2$	5	等级超差无分				
7	槽	$7_{\ 0}^{+0.05}$	10	超差不得分				
8	倒角	倒钝去毛刺	5	不合格无分				
9	文明生产	发生重大事故取消加工资格；按照有关规定每违反一项，从总分中扣除 3～50 分						
10	其他项目	工件必须完整，工件局部无缺陷（如夹伤、划痕等），可根据零件酌情扣除						
11	加工时间	此项目加工时间为 40 min/（人·件），每超 1 min 则从总分中扣除 1 分						
记事（若有不文明生产或安全事故记录于此）								
开始时间	开始：　时　分；			结束：　时　分		总分		
复检学生		抽检教师			日期			

二、三方评价

小组 评价	① 本组展示的产品符合技术标准吗？ 合格□ 不良□ 报废□ ② 与其他组相比，本组的产品工艺你认为： 工艺优化□ 工艺合理□ 工艺一般□ ③ 本组介绍成果表达是否清晰？ 很好□ 一般，常补充□ 不清晰□ ④ 本组演示产品检测方法操作正确吗？ 正确□ 部分正确□ 不正确□ ⑤ 本组演示操作时遵循了“5S”的工作要求吗？ 符合工作要求□ 忽略了部分要求□ 完全没有遵循□ ⑥ 本组成员团队创新精神如何？ 良好□ 一般□ 不足□ ⑦ 总结这次任务，该组是否达到学习目标？本组的建议是什么？你给予本组的评分是多少？其他应注意哪些内容？
自我 评价	① 你的产品符合技术标准吗？ 合格□ 不良□ 报废□ ② 你的产品工艺你认为： 工艺优化□ 工艺合理□ 工艺一般□ ③ 你操作时遵循了“5S”及安全操作规程的工作要求吗？ 符合工作要求□ 忽略了部分要求□ 完全没有遵循 □ ④ 学完本课你达到学习目标了吗？ 良好□ 一般□ 不足□ ⑤ 通过实训你有哪些不足？
教师 评价	① ____________学生本课作品成绩。 A+□ A-□ B+□ B-□ C+□ C-□ D+□ D-□ ② 教师评语。

三、习　题

1. 选择题

（1）以内孔作定位基准加工外圆柱面，可采用的夹具有（　　）。

A. 滑板上车床夹具　　B. 心轴类　　C. 顶尖　　D. 卡盘

（2）在切削内孔、外圆或端面时，刀尖圆弧将（　　）。

A. 过切　　B. 不影响具体尺寸和形状

C. 少切　　D. 以上均不对

（3）工件以外圆表面在自定心卡盘上定位车削内孔和端面时，若自定心卡盘定位面与车床主轴回转轴线不同，将会造成（　　）。

A. 被加工孔的圆度误差　　B. 被加工端面平面误差

C. 孔与端面的垂直度误差　　D. 被加工孔与外圆的同轴度误差

（4）用中心架支承工件车内孔时，如出现内孔倒锥现象，则是由于中心架偏向（　　）。

A. 操作者一方　　B. 操作者对方　　C. 尾座　　D. 主轴

2. 判断题

（1）安装内孔加工刀具时，应尽可能使刀尖平齐或稍高于工件中心。（　　）

（2）加工深孔之所以成为机械加工的关键工序与加工难点，主要原因是刀杆受内孔限制。（　　）

（3）在套类零件加工中应考虑使零件共同外径按需要一次车出，共同内孔也一次粗车出。（　　）

（4）外圆形状简单，内孔形状复杂的工件，应选择内孔进行定位。（　　）

3. 填空题

（1）车孔刀，刀柄不宜伸出过长，一般被加工孔长（　　　　）为宜。

（2）内孔车刀刀尖方位角应选择（　　　）刀位角。

（3）本项目测量内孔使用的千分尺规格为（　　　　　）千分尺。

（4）安装盲孔车刀时，其主切削刃应与孔底面成（　　　　）夹角。

项目八 孔类车削综合加工

【知识目标】

（1）本项目涉及的专业理论知识；
（2）本项目涉及的设备、刀具、工量具等；
（3）拟定合理的加工工艺；
（4）正确规范使用工量具；
（5）掌握内孔和内螺纹车刀的安装方法；
（6）掉头装夹工件车削注意事项；
（7）内螺纹车削相关计算与编程。

【技能目标】

（1）正确拟定加工工艺路线；
（2）尺寸链的正确运算；
（3）正确进行程序的输入和运行（本项目所涉及的程序指令）；
（4）内沟槽和内螺纹车削工艺与编程。

【素养目标】

（1）具有事业心和责任感，爱岗敬业，乐于奉献；
（2）具有安全、文明生产及环境保护意识。

模块一　任务引入

【加工图】

零件加工图如图 8-1 所示。

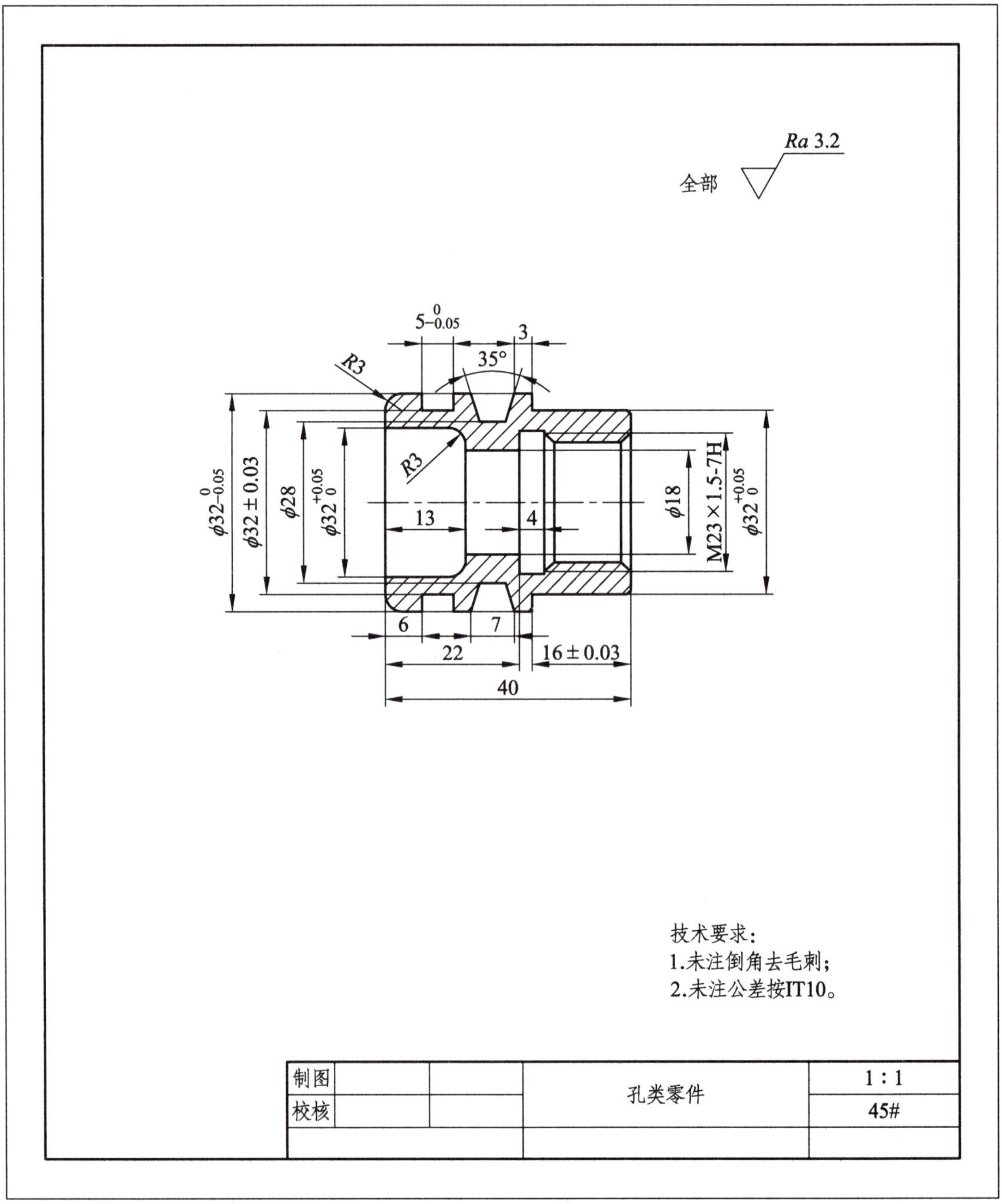

图 8-1　零件加工图

【学习活动】

活动一：图纸分析；

活动二：相关知识学习；

活动三：查找资料，收集本任务所需要的信息；

活动四：制订工作计划；

活动五：过程考核评价；

活动六：三方总结、点评。

【学习地点】

数控车实训中心。

【学习课时】

12 学时。

模块二　相关知识

一、内螺纹计算

1. 编程数字处理

$$内螺纹底孔的直径（小径）= D - P$$

式中，D——大径（mm）；

P——螺距（mm）。

$$内螺纹实际大径 = D$$

车削脆性金属时，$D_{孔} \approx D - 1.05P$。

2. 注意事项

（1）零件图样工艺分析；

（2）确定定位夹紧方法；

（3）加工顺序及走刀路线的确定；

（4）切削用量的控制；

（5）相关数值的计算；

（6）工量具和刀具的合理选择与安装；

（7）程序的正确编写与校验。

二、内螺纹车刀的装夹

（1）刀柄的伸出长度应大于内螺纹长度 10~20 mm。

（2）刀尖应与工件轴心线等高。如果装得过高，车削时容易引起振动，使螺纹表面产生鱼鳞斑；如果装得过低，刀头下部会与工件发生摩擦，车刀切不进去。

（3）应将螺纹对刀样板侧面靠平工件端面，刀尖部分进入样板的槽内进行对刀，如图 8-2 所示，同时调整并夹紧刀具。

（4）装夹好的螺纹车刀应在底孔内手动试走一次，如图 8-3 所示，以防正式加工时刀柄和内孔相碰而影响加工。

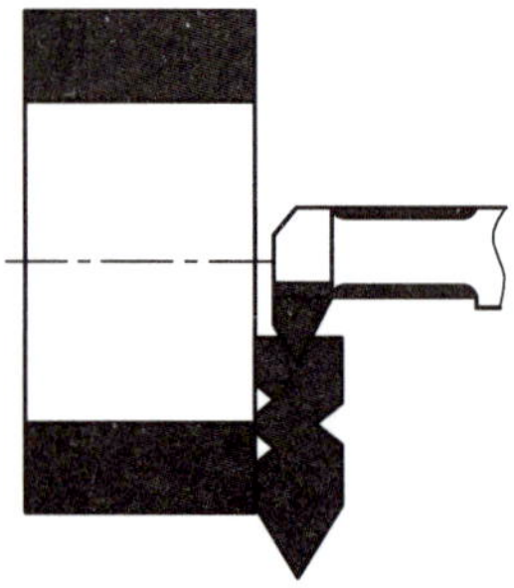

图 8-2　内螺纹车刀的对刀

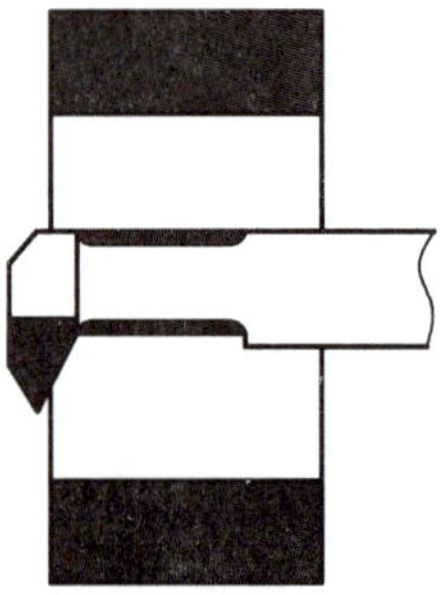

图 8-3　检查刀柄是否与孔底相碰

三、三角形内螺纹的检测

（1）检测三角形内螺纹一般采用综合测量法。检测时，采用螺纹塞规测量，如图 8-4 所示。

（2）如果螺纹塞规通端正好可旋入工件，而止端旋不进，说明加工的螺纹符合精度要求，反之工件不合格。

图 8-4　螺纹塞规

图中各字母含义如下：

M22：内螺纹大径，未标螺距为标准螺距，查表得 2.5 mm；

6H：内螺纹精度等级；

T：通规；

Z：止规。

模块三　任务实施

一、制订工作计划（见表 8-1）

表 8-1　工作计划

阶段	任务分配	计划工作内容	预计用时	实际用时	负责人
1	小组全体成员	分析图纸、尺寸			
2	小组全体成员	拟定工艺规程			
3	小组全体成员	分解工作内容			
4	编程员（分工）	编制程序			
5	操作员（分工）	零件装夹、刀具准备			
6	工艺员（分工）	工艺编写			
7	小组全体成员	共同测量			

二、编制工艺卡（见表 8-2）

表 8-2　工艺卡

<table>
<tr><td colspan="2">加工轨迹图样（绘制草图）</td><td colspan="5"></td></tr>
<tr><td colspan="7">编制工艺文件</td></tr>
<tr><td rowspan="2">院校</td><td rowspan="2"></td><td rowspan="2" colspan="2">机械加工工艺过程卡片</td><td colspan="2">项目名称</td><td>编号</td></tr>
<tr><td colspan="2"></td><td></td></tr>
<tr><td colspan="2">备料</td><td></td><td colspan="2">材料牌号</td><td colspan="2"></td></tr>
<tr><td>工序号</td><td>工序名称</td><td>工序内容</td><td>组</td><td>设备</td><td>夹具</td><td>工时</td></tr>
<tr><td></td><td></td><td></td><td></td><td></td><td></td><td></td></tr>
<tr><td></td><td></td><td></td><td></td><td></td><td></td><td></td></tr>
<tr><td></td><td></td><td></td><td></td><td></td><td></td><td></td></tr>
<tr><td></td><td></td><td></td><td></td><td></td><td></td><td></td></tr>
<tr><td></td><td></td><td></td><td></td><td></td><td></td><td></td></tr>
</table>

三、刀具的选择（见表 8-3）

表 8-3　刀具选择

刀具名称	图示	刀具名称	图示
80°外圆车刀		60°外圆车刀	
35°外圆车刀		35°仿形车刀	
外螺纹车刀		外形切槽刀	
外形圆弧切槽刀		端面切槽刀	
80°内孔车刀	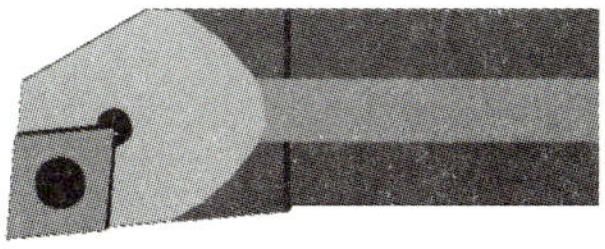	60°内孔车刀	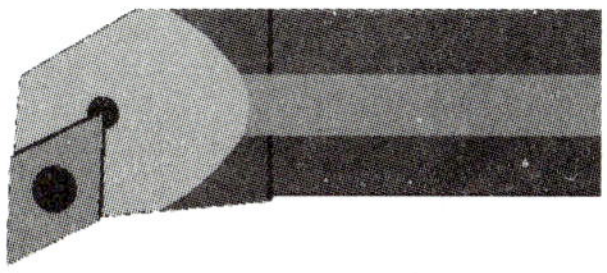
内孔螺纹车刀	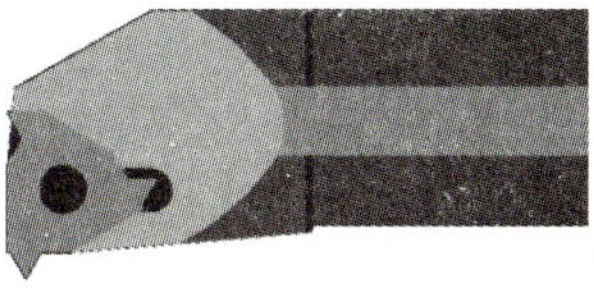	内孔沟槽车刀	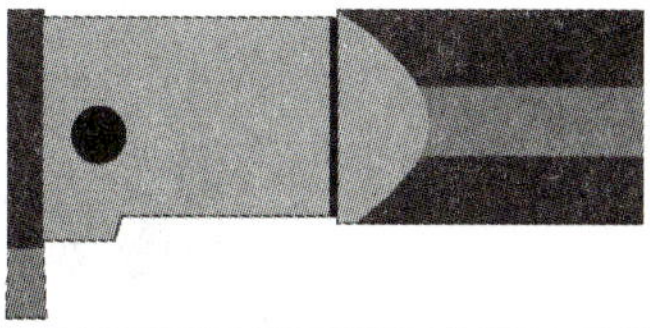

续表

工序号	最佳使用的刀具	刀具使用的规格	可用刀具 1	可用刀具 2

四、量具的选择（见表 8-4）

表 8-4　量具选择

量具名称	图示	量具名称	图示
外径千分尺	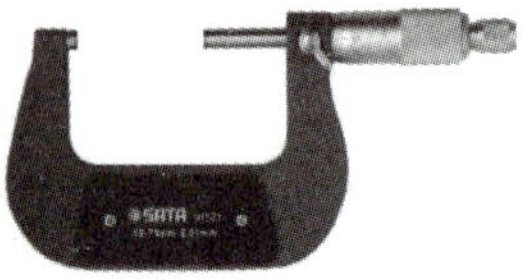	公法线千分尺	
内径两点千分尺	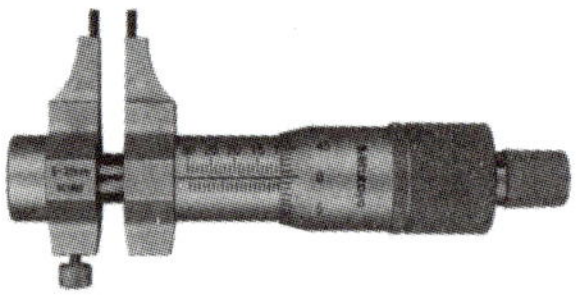	内径沟槽千分尺	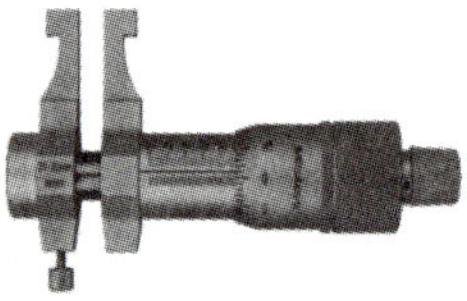
深度千分尺		游标卡尺	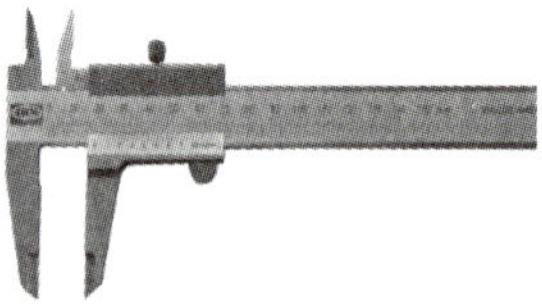
测量块		螺纹环规	
百分表		光滑塞规	
叶片千分尺		三点内径千分尺	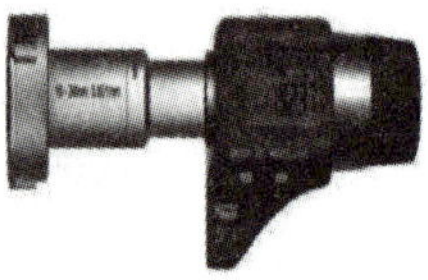

续表

工序号	最佳使用的量具	量具使用的量程规格	可用量具 1	可用量具 2

五、切削要素的选择（见表 8-5）

表 8-5　切削要素的选择

工序号	主轴转速 /（r/min）	切削速度 /（m/min）	进给量 /（mm/r）	背吃刀量 /mm	材料	设备	刀具
	参考用量 200~400	参考用量 10~50	参考用量 0.05~0.30	参考用量 0.1~2			
1	粗加工	粗加工	粗加工	粗加工			
	精加工	精加工	精加工	精加工			
2	粗加工	粗加工	粗加工	粗加工			
	精加工	精加工	精加工	精加工			
3	粗加工	粗加工	粗加工	粗加工			
	精加工	精加工	精加工	精加工			
4	粗加工	粗加工	粗加工	粗加工			
	精加工	精加工	精加工	精加工			
备注							

六、编制程序卡

程序名：

七、实训过程（见表 8-6）

表 8-6　实训过程

实训前	项目	内容	完成打“√”	是否正确完成，正确打“√”，不正确打“×”	异常（或不正确）记录
	1	检查机床设备是否正常			
	2	主轴旋转预热 2 min			
	3	安装刀具			
	4	程序输入			
	5	建立工件坐标系			
	6	量具的校对			
加工中尺寸的记录	尺寸	粗加工或半精车测量的尺寸	输入机床的磨损数值	精加工测量的尺寸	异常（或不正确）记录
车削情况记录	内容	加工正常打“√”	加工不正常打“×”	异常（或不正确）记录	解决办法
实训结束	项目	内容	完成打“√”	是否正确完成，正确打“√”，不正确打“×”	异常（或不正确）记录
	1	零件质量的自检			
	2	设备、仪器的整理			
	3	现场环境的卫生打扫			

模块四　结果与评价

一、评分标准（见表 8-7）

表 8-7　评分标准

学生班级				学生姓名				
序号	项目	检测内容	配分	评分标准	实训结果	教师复查	扣分	得分
1	外　圆	$\phi38_{-0.05}^{\ 0}$	10	超差 0.01 扣 2 分				
		$\phi32_{\ 0}^{+0.05}$	10	超差 0.01 扣 2 分				
2	内　孔	$\phi26_{\ 0}^{+0.05}$	10	光滑塞规检验				
		ϕ 18（IT10）	5	超差 0.01 扣 2 分				
3	槽	ϕ 28（IT10）	5	超差 0.01 扣 2 分				
		ϕ 32±0.03	5	超差 0.01 扣 2 分				
		$5_{-0.05}^{\ 0}$	10	超差 0.01 扣 2 分				
		13	2.5	超差不得分				
4	长度	ϕ 16±0.03	5	超差 0.01 扣 2 分				
		40（IT10）	5	超差 0.01 扣 2 分				
5	螺纹	M23×1.5-7H	10	螺纹塞规检验				
6	圆弧	*R*3	2.5	超差不得分				
7	锥度	30°	2.5	超差不得分				
8	粗糙度	*Ra*3.2	5	等级超差无分				
9	倒角	未注直角角 *C*0.5	6	不合格无分				
		锐角倒钝去毛刺	4	少一处扣 2 分				
10	内沟槽	4	2.5	未切槽不得分				
11	文明生产	发生重大事故取消加工资格；按照有关规定每违反一项，从总分中扣除 3～50 分						
12	其他项目	工件必须完整，工件局部无缺陷（如夹伤、划痕等），可根据零件酌情扣除						
13	加工时间	此项目加工时间为 40 min/（人·件），每超 1 min 则从总分中扣除 1 分						
记事（若有不文明生产或安全事故记录于此）								
开始时间	开始：　时　　分；			结束：　时　　分		总分		
复检学生		抽检教师			日期			

二、三方评价

<table>
<tr><td>小组评价</td><td>① 本组展示的产品符合技术标准吗？
合格□　　不良□　　报废□
② 与其他组相比，本组的产品工艺你认为：
工艺优化□　　工艺合理□　　工艺一般□
③ 本组介绍成果表达是否清晰？
很好□　　一般，常补充□　　不清晰□
④ 本组演示产品检测方法操作正确吗？
正确□　　部分正确□　　不正确□
⑤ 本组演示操作时遵循了“5S”的工作要求吗？
符合工作要求□　　忽略了部分要求□　　完全没有遵循□
⑥ 本组成员团队创新精神如何？
良好□　　一般□　　不足□
⑦ 总结这次任务，该组是否达到学习目标？本组的建议是什么？你给予本组的评分是多少？其他应注意哪些内容？</td></tr>
<tr><td>自我评价</td><td>① 你的产品符合技术标准吗？
合格□　　不良□　　报废□
② 你的产品工艺你认为：
工艺优化□　　工艺合理□　　工艺一般□
③ 你操作时遵循了“5S”及安全操作规程的工作要求吗？
符合工作要求□　　忽略了部分要求□　　完全没有遵循□
④ 学完本课你达到学习目标了吗？
良好□　　一般□　　不足□
⑤ 通过实训你有哪些不足？</td></tr>
<tr><td>教师评价</td><td>① ____________学生本课作品成绩。
A+□　　A-□　　B+□　　B-□
C+□　　C-□　　D+□　　D-□
② 教师评语。</td></tr>
</table>

三、习 题

1. 选择题

（1）内螺纹车削单一循环指令是（　　）。

A. G32　　B. G92　　C. G33　　D. G76

（2）粗车外圆时切削作用力较大，其切削用量中转速应选择（　　）。

A. 高转速　　B. 适中　　C. 低转速　　D. 任意选择

（3）精车零件端面时，为保证工件质量，应选择（　　）。

A. 手动均匀车削　　B. 恒转速车削　　C. 恒线速车削　　D. G01 直线车削

（4）下列关于外圆粗车循环定位起点选择合理的是（　　）。

A. 应大于工件表面　　B. 应等于工件表面

C. 应小于工件表面　　D. 可以任意选择

2. 判断题

（1）安装内沟槽刀加工刀具时，应尽可能使刀尖平齐或稍高于工件中心。（　　）

（2）切槽车刀在选择刀尖方位角时，只可以选择 3 号刀位角。（　　）

（3）为保证零件的加工质量，在车削过程中应尽可能避免二次装夹工件。（　　）

（4）零件图上没有标注的倒角，车削时可以不进行倒角。（　　）

3. 填空题

（1）在 M23×1.5-7H 中，7H 表示（　　　　）公差带代号。

（2）普通三角螺纹分为（　　　　　）。

（3）机夹式可转位车刀的几何角度是由（　　　　　　　　　　）形成的。

（4）为减小表面粗糙度值，可采用的方法是（　　　　　　　　）。

附 录

附录一　现场定制管理

“5S”管理，即整理（seiri）、整顿（seiton）、清扫（seisou）、清洁（seiketsu）、索养（shitsuke）五个管理内容。因每个单词在日语中罗马拼音的第一个字母都是 S，所以简称“5S”。“5S”起源于日本，是一种优秀的现场管理方法。由于其对塑造形象、文明生产、高度标准化、营造舒适宜人的工作现场环境等效果明显，所以逐渐得到各国管理界的普遍认同。

1. 1S 整理

整理是“5S”活动的第一步。整理，是指区分要和不要的物品，将不要的物品放在别处，在实训场所只摆放必需的物品。整理活动的核心内容是对生产现场的物品加以分类。首先要把生产现场所有物品清查一遍，按照物品的功能和作用，做出要与不要的判断。做出分类之后，就要坚决清除不需要的物品，达到现场无不用之物。通过整理，可以减少差错，消除浪费，节约成本，保障实训安全，提高实训质量。

2. 2S 整顿

整顿是将整理活动后需要的物品进行科学、合理地布置和摆放。它是“5S”的第二项活动，是实训现场改善的关键，是“5S”的重点环节。其内容是将物品按照使用类型分类，以寻找时间和工作量最少为原则来放置物品。通过整理、整顿，把与实训现场无关的物品清理干净，把需要的物品放在规定的位置，达到实训现场管理的标准化、规范化和科学化。

3. 3S 清扫

清扫就是把实训现场打扫干净，包括仪器设备、工具、地面、墙壁及其他生产场所。实训现场会产生垃圾、灰尘等，从而使现场变脏、变乱。脏乱的现场和环境会影响仪器、设备的性能，增加仪器设备的故障，影响实验实训的质量，同时还会影响人们的工作情绪和身心健康。通过清扫不但可以发现异常和隐患，更重要的是培养良好的卫生习惯，保持良好的工作状态。

4. 4S 清洁

清洁是将整理、整顿、清扫的做法标准化和制度化。清洁所追求的是对生产现场良好状态长久的保持。清洁的内容包括生产现场环境整齐、美观、整洁，实训场所设备、工具、物品干净整齐，以及实训现场各类人员着装、仪表仪容整洁。

5. 5S 素养

素养是指养成良好的职业习惯和行为规范，养成认真对待每一件小事的工作作风，以及积极主动、爱岗敬业的工作态度和品质。素养是“5S”管理的核心，“5S”活动始于素养，也终于素养。提高素养就是逐步养成良好的工作学习习惯、行为规范和高尚的道德品质，自觉遵守国家、学校等各项规章制度，并且能加强集体主义观念和团队协作精神，提高工作质量。

附录二　法律相关知识

《中华人民共和国劳动法》是为了保护劳动者的合法权益，调整劳动关系，建立和维护适应社会主义市场经济的劳动制度，促进经济发展和社会进步。根据宪法，制定本法。1994 年 7 月 5 日中华人民共和国主席令第 28 号公布，自 1995 年 1 月 1 日起实施。2018 年 12 月 29 日第十三届全国人民代表大会常务委员会第七次会议第二次修订。

1. 中华人民共和国劳动法（部分）

1）总则

第六条　国家提倡劳动者参加社会义务劳动，开展劳动竞赛和合理化建议活动，鼓励和保护劳动者进行科学研究、技术革新和发明创造，表彰和奖励劳动模范和先进工作者。

2）劳动合同

第二十一条　劳动合同可以约定试用期。试用期最长不得超过六个月。

第二十五条　劳动者有下列情形之一的，用人单位可以解除劳动合同：

（一）在试用期间被证明不符合录用条件的：

（二）严重违反劳动纪律或者用人单位规章制度的

（三）严重失职，营私舞弊，对用人单位利益造成重大损害的：

（四）被依法追究刑事责任的。

第二十六条　有下列情形之一的，用人单位可以解除劳动合同，但是应当提前三十日以书面形式通知劳动者本人：

（一）劳动者患病或者非因工负伤，医疗期满后，不能从事原工作也不能从事由用人单位另行安排的工作的；

（二）劳动者不能胜任工作，经过培训或者调整工作岗位，仍不能胜任工作的；

（三）劳动合同订立时所依据的客观情况发生重大变化，致使原劳动合同无法履行，经当事人协商不能就变更劳动合同达成协议的。

第二十九条　劳动者有下列情形之一的，用人单位不得依据本法第二十六条、第二十七条的规定解除劳动合同：

（一）患职业病或者因工负伤并被确认丧失或者部分丧失劳动能力的；

（二）患病或者负伤，在规定的医疗期内的；

（三）女职工在孕期、产期、哺乳期内的；

（四）法律、行政法规规定的其他情形。

第三十二条　有下列情形之一的，劳动者可以随时通知用人单位解除劳动合同：

（一）在试用期内的；

（二）用人单位以暴力、威胁或者非法限制人身自由的手段强迫劳动的；

（三）用人单位未按照劳动合同约定支付劳动报酬或者提供劳动条件的。

3）工作时间和休息休假

第三十六条　国家实行劳动者每日工作时间不超过八小时、平均每周工作时间不超过四十四小时的工时制度。

第四十一条　用人单位由于生产经营需要，经与工会和劳动者协商后可以延长工作时间，一般每日不得超过一小时；因特殊原因需要延长工作时间的，在保障劳动者身体健康的条件下延长工作时间每日不得超过三小时，但是每月不得超过三十六小时。

第四十四条　有下列情形之一的，用人单位应当按照下列标准支付高于劳动者正常工作时间工资的工资报酬：

（一）安排劳动者延长工作时间的，支付不低于工资的百分之一百五十的工资报酬；

（二）休息日安排劳动者工作又不能安排补休的，支付不低于工资的百分之二百的工资报酬；

（三）法定休假日安排劳动者工作的，支付不低于工资的百分之三百的工资报酬。

第四十五条　国家实行带薪年休假制度。

劳动者连续工作一年以上的，享受带薪年休假。具体办法由国务院规定。

4）劳动安全卫生

第五十四条　用人单位必须为劳动者提供符合国家规定的劳动安全卫生条件和必要的劳动防护用品，对从事有职业危害作业的劳动者应当定期进行健康检查。

2. 中华人民共和国劳动合同法（部分）

1）总则

第三条　订立劳动合同，应当遵循合法、公平、平等自愿、协商一致、诚实信用的原则。

依法订立的劳动合同具有约束力，用人单位与劳动者应当履行劳动合同约定的义务。

2）劳动合同的订立

第八条　用人单位招用劳动者时，应当如实告知劳动者工作内容、工作条件、工作地点、职业危害、安全生产状况、劳动报酬，以及劳动者要求了解的其他情况；用人单位有权了解劳动者与劳动合同直接相关的基本情况，劳动者应当如实说明。

第九条　用人单位招用劳动者，不得扣押劳动者的居民身份证和其他证件，不得要求劳动者提供担保或者以其他名义向劳动者收取财物。

第十二条　劳动合同分为固定期限劳动合同、无固定期限劳动合同和以完成一定工作任务为期限的劳动合同。

第十三条　固定期限劳动合同，是指用人单位与劳动者约定合同终止时间的劳动合同。

用人单位与劳动者协商一致，可以订立固定期限劳动合同。

第十四条　无固定期限劳动合同，是指用人单位与劳动者约定无确定终止时间的劳动合同。

第二十条　劳动者在试用期的工资不得低于本单位相同岗位最低档工资或者劳动合同约定工资的百分之八十，并不得低于用人单位所在地的最低工资标准。

第二十八条　劳动合同被确认无效，劳动者已付出劳动的，用人单位应当向劳动者支付劳动报酬。劳动报酬的数额，参照本单位相同或者相近岗位劳动者的劳动报酬确定。

3）劳动合同的履行和变更

第三十条　用人单位应当按照劳动合同约定和国家规定，向劳动者及时足额支付劳动报酬。

用人单位拖欠或者未足额支付劳动报酬的，劳动者可以依法向当地人民法院申请支付令，人民法院应当依法发出支付令。

第三十四条　用人单位发生合并或者分立等情况，原劳动合同继续有效，劳动合同由承继其权利和义务的用人单位继续履行。

4）劳动合同的解除与终止

第四十七条　经济补偿按劳动者在本单位工作的年限，每满一年支付一个月工资的标准向劳动者支付。六个月以上不满一年的，按一年计算；不满六个月的，向劳动者支付半个月工资的经济补偿。

劳动者月工资高于用人单位所在直辖市、设区的市级人民政府公布的本地区上年度职工月平均工资三倍的，向其支付经济补偿的标准按职工月平均工资三倍的数额支付，向其支付经济补偿的年限最高不超过十二年。

本条所称月工资是指劳动者在劳动合同解除或者终止前十二个月的平均工资。

附录三　安全操作规程

【思考】

1. 单选题

（1）进入数控实训场地前穿好（　　）。

A. 西服　　B. 防静电服　　C. 机械防护服　　D. 运动服

（2）量具使用后放在（　　）。

A. 机床防护门上　　B. 工具与量具盒内

C. 电脑桌上　　D. 机床内便于拿取的地方

（3）紧急情况下，停车时应按（　　）。

A. 急停按钮　　B. 进给保持　　C. 复位　　D. 循环启动

（4）为了提高生产效率，加工过程中（　　）。

A. 应多人同时操作，共同提高速度

B. 只要程序和对刀正确，加工过程中可以离开机床做其他工作

C. 应尽可能调整切削三要素至最大极限

D. 以上都不对

2. 判断题

（1）实训期间完成老师布置的任务后，可以自己设计工艺品进行加工。（　　）

（2）任何时候都应该把刀具、工具和量具整理好，加工完后做好设备清洁和日常设备维护工作。（　　）

（3）机床运行时，应把仓门打开观察切削情况。（　　）

（4）加工过程中出现了振纹或刀尖发红情况时，只要没有撞刀，可以继续加工。（　　）

3. 填空题

（1）用三爪卡盘装夹零件时，零件的伸出长度要大于被加工长度（　　）mm。

（2）安装车刀时，车刀的主偏角应为（　　）。

附录四　车工国家五级职业标准

工作内容	技能要求	相关知识
工艺准备	（1）了解数控车床的基本结构，能对车床各润滑点进行润滑； （2）掌握数控车床的面板操作； （3）能对卡盘、刀架、尾座等进行调整和保养； （4）能根据工件材料和加工性能选择刀具材料； （5）能对90°、45°、75°右偏刀及切断刀进行刀尖圆弧半径的选择和装夹； （6）能选择和使用车削轴类零件的可转位车刀	（1）车床型号、代号的含义； （2）车床各组成部分的名称及作用； （3）车床传动路线知识； （4）车床切削用量基本知识； （5）车床润滑图表（含润滑油、润滑脂种类）； （6）车床安全操作规程； （7）常用刀具材料的牌号、含义及选择原则； （8）刀具基本角度的名称、定义及选择原则； （9）切削的种类及断屑措施； （10）常用可转位车刀的型号标记方法
工件加工	能对短光轴、3~4个台阶的轴类工件进行装夹、加工，并达到以下要求： ① 跳动公差：0.05 mm； ② 表面粗糙度 $Ra3.2\ \mu m$； ③ 公差等级 IT8	（1）简单轴类工件的表达方法，公差与配合知识； （2）简单轴类零件的车削加工工艺、车削用量的选择方法； （3）轴类工件的装夹方法； （4）中心钻的选择及钻中心孔方法
精度检验与误差	（1）能使用游标卡尺、外径千分尺和百分表等量具对轴类零件进行测量； （2）能对简单轴类零件车削产生的误差进行分析	（1）游标卡尺的结构、读数原理、读数方法和使用注意事项； （2）外径千分尺的结构、读数原理、读数方法和使用注意事项； （3）百分表的结构、读数原理、读数方法和使用注意事项； （4）量具的维护知识与保养方法； （5）车削简单轴类零件产生误差的种类、原因及预防方法

附录五　数控车工国家职业标准

1　职业概况

1.1　职业名称

数控车工。

1.2　职业定义

从事编制数控加工程序并操作数控车床进行零件车削加工的人员。

1.3　职业等级

本职业共设四个等级，分别为中级（国家职业资格四级）、高级（国家职业资格三级）、技师（国家职业资格二级）、高级技师（国家职业资格一级）。

1.4　职业环境

室内、常温。

1.5　职业能力特征

具有较强的计算能力和空间感，形体知觉及色觉正常，手指、手臂灵活，动作协调。

1.6　基本文化程度

高中毕业（或同等学力）。

1.7　培训要求

1.7.1　培训期限

全日制职业学校教育，根据其培养目标和教学计划确定。晋级培训期限：中级不少于 400 标准学时；高级不少于 300 标准学时；技师不少于 200 标准学时；高级技师不少于 200 标准学时。

1.7.2　培训教师

培训中、高级人员的教师应取得本职业技师及以上职业资格证书或相关专业中级及以上专业技术职称任职资格；培训技师的教师应取得本职业高级技师职业资格证书或相关专业高级专业技术职称任职资格；培训高级技师的教师应取得本职业高级技师职业资格证书 2 年以上或取得相关专业高级专业技术职称任职资格 2 年以上。

1.7.3　培训场地设备

满足教学要求的标准教室，计算机机房及配套的软件，数控车床及必要的刀具、夹具、量具和辅助设备等。

1.8　鉴定要求

1.8.1　适用对象

从事或准备从事本职业的人员。

1.8.2　申报条件

——中级（具备以下条件之一者）：

（1）经本职业中级正规培训达规定标准学时数，并取得结业证书。

（2）连续从事本职业工作 5 年以上。

（3）取得经劳动保障行政部门审核认定的，以中级技能为培养目标的中等以上职业学校本职业（或相关专业）毕业证书。

（4）取得相关职业中级“职业资格证书”后，连续从事本职业 2 年以上。

——高级（具备以下条件之一者）：

（1）取得本职业中级职业资格证书后，连续从事本职业工作 2 年以上，经本职业高级正规培训，达到规定标准学时数，并取得结业证书。

（2）取得本职业中级职业资格证书后，连续从事本职业工作 4 年以上。

（3）取得劳动保障行政部门审核认定的，以高级技能为培养目标的职业学校本职业（或相关专业）毕业证书。

（4）大专以上本专业或相关专业毕业生，经本职业高级正规培训，达到规定标准学时数，并取得结业证书。

——技师（具备以下条件之一者）：

（1）取得本职业高级职业资格证书后，连续从事本职业工作 4 年以上，经本职业技师正规培训达规定标准学时数，并取得结业证书。

（2）取得本职业高级职业资格证书的职业学校本职业（专业）毕业生，连续从事本职业工作 2 年以上，经本职业技师正规培训达规定标准学时数，并取得结业证书。

（3）取得本职业高级职业资格证书的本科（含本科）以上本专业或相关专业的毕业生，连续从事本职业工作 2 年以上，经本职业技师正规培训达规定标准学时数，并取得结业证书。

——高级技师：

取得本职业技师职业资格证书后，连续从事本职业工作 4 年以上，经本职业高级技师正规培训达规定标准学时数，并取得结业证书。

1.8.3 鉴定方式

分为理论知识考试和技能操作考核。理论知识考试采用闭卷方式，技能操作（含软件应用）考核采用现场实际操作和计算机软件操作方式。理论知识考试和技能操作（含软件应用）考核均实行百分制，成绩皆达 60 分及以上者为合格。技师和高级技师还需进行综合评审。

1.8.4 考评人员与考生配比

理论知识考试考评人员与考生配比为 1∶15，每个标准教室不少于 2 名相应级别的考评员；技能操作（含软件应用）考核考评员与考生配比为 1∶2，且不少于 3 名相应级别的考评员；综合评审委员不少于 5 人。

1.8.5 鉴定时间

理论知识考试为 120 分钟，技能操作考核中实操时间为：中级、高级不少于 240 分钟，技师和高级技师不少于 300 分钟，技能操作考核中软件应用考试时间不超过 120 分钟，技师和高级技师的综合评审时间不少于 45 分钟。

1.8.6 鉴定场所设备

理论知识考试在标准教室里进行，软件应用考试在计算机机房进行，技能操作考核在配备必要的数控车床及必要的刀具、夹具、量具和辅助设备的场所进行。

2　基本要求

2.1　职业道德

2.1.1　职业道德基本知识

2.1.2　职业守则

（1）遵守国家法律、法规和有关规定；

（2）具有高度的责任心、爱岗敬业、团结合作；

（3）严格执行相关标准、工作程序与规范、工艺文件和安全操作规程；

（4）学习新知识、新技能，勇于开拓和创新；

（5）爱护设备、系统及工具、夹具、量具；

（6）着装整洁，符合规定，保持工作环境清洁有序，文明生产。

2.2　基础知识

2.2.1　基础理论知识

（1）机械制图；

（2）工程材料及金属热处理知识；

（3）机电控制知识；

（4）计算机基础知识；

（5）专业英语基础。

2.2.2　机械加工基础知识

（1）机械原理；

（2）常用设备知识（分类、用途、基本结构及维护保养方法）；

（3）常用金属切削刀具知识；

（4）典型零件加工工艺；

（5）设备润滑和冷却液的使用方法；

（6）工具、夹具、量具的使用与维护知识；

（7）普通车床、钳工基本操作知识。

2.2.3　安全文明生产与环境保护知识

（1）安全操作与劳动保护知识；

（2）文明生产知识；

（3）环境保护知识。

2.2.4　质量管理知识

（1）企业的质量方针；

（2）岗位质量要求；

（3）岗位质量保证措施与责任。

2.2.5　相关法律、法规知识

（1）劳动法的相关知识；

（2）环境保护法的相关知识；

（3）知识产权保护法的相关知识。

3 工作要求

本标准对中级、高级、技师和高级技师的技能要求依次递进，高级别涵盖低级别的要求。

3.1 中级

职业功能	工作内容	技能要求	相关知识
一、加工准备	（一）读图与绘图	能读懂中等复杂程度（如曲轴）的零件图； 能绘制简单的轴、盘类零件图； 能读懂进给机构、主轴系统的装配图	复杂零件的表达方法； 简单零件图的画法； 零件三视图、局部视图和剖视图的画法； 装配图的画法
	（二）制定加工工艺	能读懂复杂零件的数控车床加工工艺文件； 能编制简单（轴、盘）零件的数控加工工艺文件	数控车床加工工艺文件的制定
	（三）零件定位与装夹	能使用通用卡具（如三爪卡盘、四爪卡盘）进行零件装夹与定位	数控车床常用夹具的使用方法； 零件定位、装夹的原理和方法
	（四）刀具准备	能够根据数控加工工艺文件选择、安装和调整数控车床常用刀具； 能够刃磨常用车削刀具	金属切削与刀具磨损知识； 数控车床常用刀具的种类、结构和特点； 数控车床、零件材料、加工精度和工作效率对刀具的要求
二、数控编程	（一）手工编程	能编制由直线、圆弧组成的二维轮廓数控加工程序； 能编制螺纹加工程序； 能够运用固定循环、子程序进行零件的加工程序编制	数控编程知识； 直线插补和圆弧插补的原理； 坐标点的计算方法
	（二）计算机辅助编程	能够使用计算机绘图设计软件绘制简单（轴、盘、套）零件图； 能够利用计算机绘图软件计算节点	计算机绘图软件（二维）的使用方法
三、数控车床操作	（一）操作面板	能够按照操作规程启动及停止机床； 能使用操作面板上的常用功能键（如回零、手动、MDI、修调等）	熟悉数控车床操作说明书； 数控车床操作面板的使用方法
	（二）程序输入与编辑	能够通过各种途径（如 DNC、网络等）输入加工程序； 能够通过操作面板编辑加工程序	数控加工程序的输入方法； 数控加工程序的编辑方法； 网络知识
	（三）对刀	能进行对刀并确定相关坐标系； 能设置刀具参数	对刀的方法； 坐标系的知识； 刀具偏置补偿、半径补偿与刀具参数的输入方法
	（四）程序调试与运行	能够对程序进行校验、单步执行、空运行并完成零件试切	程序调试的方法

续表

职业功能	工作内容	技能要求	相关知识
四、零件加工	（一）轮廓加工	能进行轴、套类零件加工，并达到以下要求： ①尺寸公差等级：IT6； ②形位公差等级：IT8； ③表面粗糙度：*Ra*1.6 μm。 能进行盘类、支架类零件加工，并达到以下要求： ①轴径公差等级：IT6； ②孔径公差等级：IT7； ③形位公差等级：IT8； ④表面粗糙度：*Ra*1.6 μm	内外径的车削加工方法、测量方法； 形位公差的测量方法； 表面粗糙度的测量方法
	（二）螺纹加工	能进行单线等节距的普通三角螺纹、锥螺纹的加工，并达到以下要求： ①尺寸公差等级：IT6～IT7级； ②形位公差等级：IT8； ③表面粗糙度：*Ra*1.6 μm	常用螺纹的车削加工方法； 螺纹加工中的参数计算
	（三）槽类加工	能进行内径槽、外径槽和端面槽的加工，并达到以下要求： ①尺寸公差等级：IT8； ②形位公差等级：IT8； ③表面粗糙度：*Ra*3.2 μm	内、外径槽和端槽的加工方法
	（四）孔加工	能进行孔加工，并达到以下要求： ①尺寸公差等级：IT7； ②形位公差等级：IT8； ③表面粗糙度：*Ra*3.2 μm	孔的加工方法
	（五）零件精度检验	能够进行零件的长度、内外径、螺纹、角度精度检验	通用量具的使用方法； 零件精度检验及测量方法
五、数控车床维护与精度检验	（一）数控车床日常维护	能够根据说明书完成数控车床的定期及不定期维护保养，包括机械、电、气、液压、数控系统检查和日常保养等	数控车床说明书； 数控车床日常保养方法； 数控车床操作规程； 数控系统（进口与国产数控系统）使用说明书
	（二）数控车床故障诊断	能读懂数控系统的报警信息； 能发现数控车床的一般故障	数控系统的报警信息； 车床的故障诊断方法
	（三）数控车床精度检查	能够检查数控车床的常规几何精度	数控车床常规几何精度的检查方法

3.2 高级

职业功能	工作内容	技能要求	相关知识
一、加工准备	（一）读图与绘图	能够读懂中等复杂程度（如刀架）的装配图； 能够根据装配图拆画零件图； 能够测绘零件	根据装配图拆画零件图的方法； 零件的测绘方法
	（二）制定加工工艺	能编制复杂零件的数控车床加工工艺文件	复杂零件数控加工工艺文件的制定
	（三）零件定位与装夹	能选择和使用数控车床组合夹具和专用夹具； 能分析并计算车床夹具的定位误差； 能够设计与自制装夹辅具（如心轴、轴套、定位件等）	数控车床组合夹具和专用夹具的使用、调整方法； 专用夹具的使用方法； 夹具定位误差的分析与计算方法
	（四）刀具准备	能够选择各种刀具及刀具附件； 能够根据难加工材料的特点，选择刀具的材料、结构和几何参数； 能够刃磨特殊车削刀具	专用刀具的种类、用途、特点和刃磨方法； 切削难加工材料时的刀具材料和几何参数的确定方法
二、数控编程	（一）手工编程	能运用变量编程编制含有公式曲线的零件数控加工程序	固定循环和子程序的编程方法； 变量编程的规则和方法
	（二）计算机辅助编程	能用计算机绘图软件绘制装配图	计算机绘图软件的使用方法
	（三）数控加工仿真	能利用数控加工仿真软件实施加工过程仿真以及加工代码检查、干涉检查、工时估算	数控加工仿真软件的使用方法
三、零件加工	（一）轮廓加工	能进行细长、薄壁零件加工，并达到以下要求： ① 轴径公差等级：IT6； ② 孔径公差等级：IT7； ③ 形位公差等级：IT8； ④ 表面粗糙度：*Ra*1.6 μm	细长、薄壁零件加工的特点及装卡、车削方法
	（二）螺纹加工	能进行单线和多线等节距的 T 形螺纹、锥螺纹加工，并达到以下要求： ① 尺寸公差等级：IT6； ② 形位公差等级：IT8； ③ 表面粗糙度：*Ra*1.6 μm。 能进行变节距螺纹的加工，并达到以下要求： ① 尺寸公差等级：IT6； ② 形位公差等级：IT7； ③ 表面粗糙度：*Ra*1.6 μm	T 形螺纹、锥螺纹加工中的参数计算； 变节距螺纹的车削加工方法

续表

职业功能	工作内容	技能要求	相关知识
三、零件加工	（三）孔加工	能进行深孔加工，并达到以下要求： ① 尺寸公差等级：IT6； ② 形位公差等级：IT8； ③ 表面粗糙度：*Ra*1.6 μm	深孔的加工方法
	（四）配合件加工	能按装配图上的技术要求对套件进行零件加工和组装，配合公差达到：IT7 级	套件的加工方法
	（五）零件精度检验	能够在加工过程中使用百（千）分表等进行在线测量，并进行加工技术参数的调整； 能够进行多线螺纹的检验； 能进行加工误差分析	百（千）分表的使用方法； 多线螺纹的精度检验方法； 误差分析的方法
四、数控车床维护与精度检验	（一）数控车床日常维护	能判断数控车床的一般机械故障； 能完成数控车床的定期维护保养	数控车床机械故障和排除方法； 数控车床液压原理和常用液压元件
	（二）机床精度检验	能够进行机床几何精度检验； 能够进行机床切削精度检验	机床几何精度检验内容及方法； 机床切削精度检验内容及方法

3.3 技师

职业功能	工作内容	技能要求	相关知识
一、加工准备	（一）读图与绘图	能绘制工装装配图； 能读懂常用数控车床的机械结构图及装配图	工装装配图的画法； 常用数控车床的机械原理图及装配图的画法
	（二）制定加工工艺	能编制高难度、高精密、特殊材料零件的数控加工多工种工艺文件； 能对零件的数控加工工艺进行合理性分析，并提出改进建议； 能推广应用新知识、新技术、新工艺、新材料	零件的多工种工艺分析方法； 数控加工工艺方案合理性的分析方法及改进措施； 特殊材料的加工方法； 新知识、新技术、新工艺、新材料
	（三）零件定位与装夹	能设计与制作零件的专用夹具	专用夹具的设计与制造方法
	（四）刀具准备	能够依据切削条件和刀具条件估算刀具的使用寿命； 根据刀具寿命计算并设置相关参数； 能推广应用新刀具	切削刀具的选用原则； 延长刀具寿命的方法； 刀具新材料、新技术； 刀具使用寿命的参数设定方法

续表

职业功能	工作内容	技能要求	相关知识
二、数控编程	（一）手工编程	能够编制车削中心、车铣中心的三轴及三轴以上（含旋转轴）的加工程序	编制车削中心、车铣中心加工程序的方法
	（二）计算机辅助编程	能用计算机辅助设计/制造软件进行车削零件的造型和生成加工轨迹； 能够根据不同的数控系统进行后置处理并生成加工代码	三维造型和编辑； 计算机辅助设计/制造软件（三维）的使用方法
	（三）数控加工仿真	能够利用数控加工仿真软件分析和优化数控加工工艺	数控加工仿真软件的使用方法
三、零件加工	（一）轮廓加工	能编制数控加工程序车削多拐曲轴，并达到以下要求： ① 直径公差等级：IT6； ② 表面粗糙度：$Ra1.6\ \mu m$。 能编制数控加工程序对适合在车削中心加工的带有车削、铣削等工序的复杂零件进行加工	多拐曲轴车削加工的基本知识； 车削加工中心加工复杂零件的车削方法
	（二）配合件加工	能进行两件（含两件）以上具有多处尺寸链配合的零件加工与配合	多尺寸链配合的零件加工方法
	（三）零件精度检验	能根据测量结果对加工误差进行分析并提出改进措施	精密零件的精度检验方法； 检具设计知识
四、数控车床维护与精度检验	（一）数控车床维护	能够分析和排除液压及机械故障； 能借助词典阅读数控设备的主要外文信息	数控车床常见故障诊断及排除方法； 数控车床专业外文知识
	（二）机床精度检验	能够进行机床定位精度、重复定位精度的检验	机床定位精度检验、重复定位精度检验的内容及方法
五、培训与管理	（一）操作指导	能指导本职业中级、高级工进行实际操作	操作指导书的编制方法
	（二）理论培训	能对本职业中级、高级和技师进行理论培训； 能系统地讲授各种切削刀具的特点和使用方法	培训教材的编写方法； 切削刀具的特点和使用方法
	（三）质量管理	能在本职工作中认真贯彻各项质量标准	相关质量标准
	（四）生产管理	能协助部门领导进行生产计划、调度及人员管理	生产管理基本知识
	（五）技术改造与创新	能够进行加工工艺、夹具、刀具的改进	数控加工工艺综合知识

3.4 高级技师

职业功能	工作内容	技能要求	相关知识
一、工艺分析与设计	（一）读图与绘图	能绘制复杂工装装配图； 能读懂常用数控车床的电气、液压原理图	复杂工装设计方法； 常用数控车床电气、液压原理图的画法
	（二）制定加工工艺	能对高难度、高精密零件的数控加工工艺方案进行优化并实施； 能编制多轴车削中心的数控加工工艺文件； 能够对零件加工工艺提出改进建议	复杂、精密零件加工工艺的系统知识； 车削中心、车铣中心加工工艺文件编制方法
	（三）零件定位与装夹	能对现有的数控车床夹具进行误差分析并提出改进建议	误差分析方法
	（四）刀具准备	能根据零件要求设计刀具，并提出制造方法	刀具的设计与制造知识
二、零件加工	（一）异形零件加工	能解决高难度零件（如十字座类、连杆类、叉架类等异形零件）车削加工的技术问题，并制定工艺措施	高难度零件的加工方法
	（二）零件精度检验	能够制定高难度零件加工过程中的精度检验方案	在机械加工全过程中影响质量的因素及提高质量的措施
四、数控车床维护与精度检验	（一）数控车床维护	能借助词典看懂数控设备的主要外文技术资料； 能够针对机床运行现状合理调整数控系统相关参数； 能根据数控系统报警信息判断数控车床故障	数控车床专业外文知识； 数控系统报警信息
	（二）机床精度检验	能够进行机床定位精度、重复定位精度的检验	机床定位精度和重复定位精度的检验方法
	（三）数控设备网络化	能够借助网络设备和软件系统实现数控设备的网络化管理	数控设备网络接口及相关技术
五、培训与管理	（一）操作指导	能指导本职业中级、高级和技师进行实际操作	操作理论教学指导书的编写方法
	（二）理论培训	能对本职业中级、高级和技师进行理论培训	教学计划与大纲的编制方法
	（三）质量管理	能应用全面质量管理知识，实现操作过程的质量分析与控制	质量分析与控制方法
	（四）技术改造与创新	能够组织实施技术改造和创新，并撰写相关论文	科技论文撰写方法

4 比重表

4.1 理论知识

项目		中级/%	高级/%	技师/%	高级技师/%
基本要求	职业道德	5	5	5	5
	基础知识	20	20	15	15
相关知识	加工准备	15	15	30	—
	数控编程	20	20	10	—
	数控车床操作	5	5	—	—
	零件加工	30	30	20	15
	数控车床维护与精度检验	5	5	10	10
	培训与管理	—	—	10	15
	工艺分析与设计	—	—	—	40
合计		100	100	100	100

4.2 技能操作

项目		中级/%	高级/%	技师/%	高级技师/%
技能要求	加工准备	10	10	20	—
	数控编程	20	20	30	—
	数控车床操作	5	5	—	—
	零件加工	60	60	40	45
	数控车床维护与精度检验	5	5	5	10
	培训与管理	—	—	5	10
	工艺分析与设计	—	—	—	35
合计		100	100	100	100

附录六　学生行为守则

遵纪守法，敬人敬教；
学习认真，团结协作；
爱护设备，安全操作；
遵守规程，尊重老师；
保护环境，文明学习。

数控车床中级工理论（应知）试卷

数控车床中级工理论（应知）试卷（1）

一、填空题（每空 1 分，共 20 分）

1. 夹具夹紧力装置的确定应包括夹紧力的__________、__________和__________三个要素。

2. 常用作车刀材料的硬质合金有________和________两类。

3. 专用夹具主要由__________、__________、__________、__________等部分组成。

4. 切削力的轴向分力是校核机床________________的主要依据。

5. 数控机床坐标轴的移动方式有__________、__________、__________三种。

6. 每一道工序所切除的____________________，为工序中的加工余量。

7. 要使车床能保持正常的运转和减少磨损，必须经常对车床的所有______________部分进行__________。

8. 划线要求划出的线条__________外，最重要的是要保证______________。

9. 在数控机床上对刀可以用____________对刀，也可以用__________对刀。

二、选择题（每题 2 分，共 30 分）

1. 闭环进给伺服系统与半闭环进给伺服系统主要区别在于（　　）。

A. 位置控制器　　B. 检测单元　　C. 伺服单元　　D. 控制对象

2. （　　）时间是辅助时间的一部分。

A. 检验工件　　B. 自动进给　　C. 加工工件

3. 绘图时，大多采用（　　）比例，以方便看图。

A. 1∶1　　B. 1∶2　　C. 2∶1

4. 用来表示机床全部运动关系的示意图称为机床的（　　）。

A. 传动系统图　　B. 平面展开图　　C. 传动示意图

5. 自动定心卡盘的三个卡爪是同步运行的，能自动定心，不太长的工件装夹后（　　）。

A. 一般不需找正　　B. 仍需找正　　C. 必须找正

6. 在电火花穿孔加工中，由于放电间隙的存在，工具电极的尺寸应（　　）被加工孔的尺寸。

A. 大于　　B. 等于　　C. 小于

7. 选择粗基准时，应当选择（　　）表面。

A. 任意　　B. 比较粗糙的　　C. 加工余量小或不加工的

8. 生产批量越大，分摊到每个工件上的准备与终极时间就越（　　）。

A. 多　　B. 少　　C. 差不多

9. 刀尖圆弧半径增大，使径向力（　　）。

A. 不变　　B. 有所增加　　C. 有所减小

10. 加工中心与普通数控机床的区别在于（　　）。

A. 有刀库与自动换刀装置　　B. 转速高

C. 机床刚性好　　D. 进给速度高

11. 车削细长轴外圆时，车刀的主偏角应为（　　）。

A. 90°　　B. 93°　　C. 75°

12. 在大批量生产中，常采用（　　）原则。

A. 工序集中　　B. 工序分散　　C. 工序集中和工序分散混合使用

13. 当砂轮转速不变而直径减小时，会出现磨削质量（　　）现象。

A. 提高　　B. 稳定　　C. 下降

14. 零件图中尺寸标注的基准一定是（　　）。

A. 定位基准　　B. 设计基准　　C. 测量基准

15. 同轴度要求较高，工序较多的长轴用（　　）装夹较合适。

A. 四爪卡盘　　B. 三爪卡盘　　C. 两顶尖

三、判断题（每题 1 分，共 16 分）

1. 每一指令脉冲信号使机床移动部件产生的位移量称为脉冲当量。（　　）
2. 数控机床坐标轴一般采用右手定则来确定。（　　）
3. 检测装置是数控机床必不可少的装置。（　　）
4. 对于任何曲线，可以按实际轮廓编程，应用刀具补偿加工出所需要的廓形。（　　）
5. 数控机床既可以自动加工，也可以手动加工。（　　）
6. 数控车床的进给方式分每分钟进给和每转进给两种，一般可用 G94 和 G95 来区分。（　　）
7. 所谓尺寸基准，就是标准尺寸的起点。（　　）
8. 数控机床加工的加工精度比普通车床高，是因为数控车床的传动链较普通机床的传动链长。（　　）
9. 在开环控制系统中，数控装置发出的指令脉冲频率越高，则工作台的位移速度越慢。（　　）
10. 点位控制的数控机床只要控制起点和终点位置，对加工过程中的轨迹没有严格要求。（　　）
11. 滚珠丝杆虽然传动效率高，精度高，但不能自锁。（　　）
12. 加工多线螺纹时，加工完一条螺纹后，加工第二条螺纹的起点应与第一条螺纹的起点

相隔一个导程。（ ）

13. 不带有位移检测反馈的伺服系统称半闭环控制系统。（ ）

14. 进给功能一般是用来指令机床主轴的转速。（ ）

15. 编程坐标系是编程人员在编程过程中所用的坐标系，其坐标的建立就与所使用机床的坐标系相一致。（ ）

16. 数控机床伺服系统的作用是把来自数控装置的脉冲信号转换成机床移动部件的运动。（ ）

四、名词解释（每题 4 分，共 12 分）

1. 对刀点：

2. 准备功能：

3. 机械加工工艺过程：

五、简答题（每题 6 分，共 12 分）

1. 试述点位控制系统、直线控制系统和轮廓控制系统的区别。

2. 数控机床的特点有哪些？

六、计算题（10 分）

数控车床 Z 轴步进电动机步距角为 0.36°，电动机通过齿轮副或同步齿形带与滚珠丝杠连接，传动比为 5∶6（减速），如 Z 轴脉冲当量为 0.01 mm，滚珠丝杠的螺距应为多少？

数控车床中级工理论（应知）试卷（2）

一、填空题（每空 1 分，共 20 分）

1. 机床夹具按通用化程度，可分为________夹具、________夹具和________夹具等。
2. 在设计夹具时，________误差可粗略地控制在工件公差的__________左右。
3. 为了保证工件达到图样规定的精度和技术要求，夹具的____________与__________、__________尽量重合。
4. 铸件常见的缺陷有________、__________、________、粘砂和裂纹。
5. 刀具磨损过程分为三个阶段，它们是___________、___________和___________阶段。
6. 刀尖圆弧半径增大，会使径向阻力__________。
7. 刀具材料越硬，耐磨性越__________，韧性和强度越__________。
8. 设计夹具时，夹紧力的作用点尽量在工件________较好的部位，以防止工件产生较大的__________。
9. _________系统是指不带反馈装置的控制系统。

二、选择题（每题 2 分，共 30 分）

1. 在设计薄壁工件夹具时，夹紧力方向应沿（　　）夹紧。
   A. 径向　　B. 轴向　　C. 径向和轴向
2. 车削时，车刀的纵向移动或横向移动是（　　）。
   A. 主运动　　B. 进给运动　　C. 切削运动
3. 在车外圆时，切削速度计算式中的直径 D 指（　　）直径。
   A. 待加工表面　　B. 加工表面　　C. 已加工表面
4. 机床上的卡盘、中心架等属于（　　）夹具。
   A. 通用　　B. 专用　　C. 组合
5. 车削时切削热大部分由（　　）传散出去。
   A. 刀具　　B. 工件　　C. 切屑　　D. 空气
6. 加工中心上，左刀补采用（　　）代码。
   A. G41　　B. G42　　C. G43　　D. G44
7. 数控机床工作时机床传送给 PLC 的信号有(　　), PLC 传送给 CNC 的信号有(　　)。
   A. 机床 XYZ 坐标　　B. MST 应答信号　　C. 机床动作信号
8. 下列用于数控机床检测的反馈装置，(　　) 用于速度反馈。
   A. 光栅　　B. 脉冲编码器　　C. 磁尺　　D. 感应同步器
9. GCr15SiMn 是（　　）。
   A. 高速钢　　B. 中碳钢　　C. 轴承钢　　D. 不锈钢

10. 当车刀的刃倾角为负值时，切屑流向（　　）表面，（　　）保证产品表面质量。

A. 待加工面　　B. 已加工表面　　C. 不利于　　D. 有利

11. 在铰孔和浮动镗孔等加工时都是遵循（　　）原则的。

A. 互为基准　　B. 自为基准　　C. 基准统一

12. 在数控机床上加工封闭轮廓时一般沿（　　）进刀。

A. 法向　　B. 切向　　C. 任意方向

13. 采用手动夹紧装置时，夹紧机构必须具有（　　）性。

A. 导向　　B. 自锁　　C. 平稳

14. 精加工时刀具的前角可（　　）。

A. 小些　　B. 大些　　C. 为零度

15. 步进电动机的角位移与（　　）成正比。

A. 步距角　　B. 通用频率　　C. 脉冲当量　　D. 脉冲数量

三、判断题（每题 1 分，共 16 分）

1. 在金属坯料均匀热透的前提下，加热时间选得越短越好。（　　）
2. 半闭环控制系统的精度高于开环系统，但低于闭环系统。（　　）
3. 数控车床的定位精度和重复定位精度是一个概念。（　　）
4. M00 指令属于准备功能字指令，含义是主轴停转。（　　）
5. 编程数控程序时一般以机床坐标作为编程依据。（　　）
6. 数控车床自动刀架的刀位数与其数控系统所允许的刀具数总是一致的。（　　）
7. 利用 G33 指令既可以加工英制螺纹，又可以加工米制螺纹。（　　）
8. 锻造只能改变金属坯料形状，而不能改变其力学性能。（　　）
9. 刃倾角能控制切削流向，也能影响切削。（　　）
10. 划线是机械加工的重要工序，广泛用于成批生产和大量生产。（　　）
11. 大批量生产时基本时间所占的比重比较大。（　　）
12. 车削、铣削、铸造、锻压等均属切削加工范围。（　　）
13. 砂轮可以磨车刀，车刀也可以车削砂轮。（　　）
14. 各种号码的莫氏圆锥锥度值不相等。（　　）
15. 电火花机床上可以加工钢、铝、铜、塑料等材料的工件。（　　）
16. 过定位决不允许在加工中使用。（　　）

四、名词解释（每题 4 分，共 12 分）

1. 闭环控制系统：

2. 刀具参考点：

3. 脉冲当量：

五、简答题（每题 6 分，共 12 分）

1. 滚珠丝杠副进行预紧的目的是什么？简述“双螺母垫片式”预紧方法的工作原理。

2. 简述数控机床零件加工的一般步骤。

六、计算题（10 分）

已知一对正确安装的外啮合齿轮机构，采用正常齿制，模数 $m = 3$ mm，齿数 $z_1 = 21$、$z_2 = 64$，求传动比 i_{12}、分度圆直径、齿顶圆直径、齿根圆直径和中心距。

数控车床中级工理论（应知）试卷（3）

一、填空题（每空 1 分，共 20 分）

1. 数控机床工作台等移动部件在确定的终点所达到的实际位置的精度称为__________精度。

2. 常用作车刀材料的高速钢牌号是______________。

3. 粗车时选择切削用量的顺序，首先是________，其次是_________，最后是_________。

4. 镗孔时，要求切削流向____________表面，即___________排屑。

5. 选用切削液时，粗加工应选用以____________为主的___________。

6. 车削时常用的切削液有____________和_____________两类。

7. 切削运动分____________和____________两类。车削时，车刀的移动是_________运动。

8. 数控机床成功地解决了________批量生产，特别是__________形状零件的__________生产问题。

9. 磨削不锈钢时，采用浓度较___________的乳化切削液。

10. 偏刀一般是指主偏角等于___________的车刀。

11. 螺纹加工中，车刀在第二次进刀时，刀尖_________前一次进刀车出的螺旋槽而把螺纹车乱，称为乱扣。

二、选择题（每题 2 分，共 30 分）

1. 加工零件时，将其尺寸控制到（　　）最为合理。
   A. 基本尺寸　　B. 最大极限尺寸
   C. 最小极限尺寸　　D. 平均尺寸

2. 车削中设想的 3 个辅助平面，即切削平面、基面、主截面是相互（　　）。
   A. 垂直的　　B. 平行的　　C. 倾斜的

3.（　　）的种类和性质会影响砂轮的硬度和强度。
   A. 磨料　　B. 粒度　　C. 结合剂

4. 用剖切面完全地剖开零件所得的剖视图称为（　　）。
   A. 半剖视图　　B. 局部视图　　C. 全剖视图

5.（　　）是计算机床功率、选择切削用量的主要依据。
   A. 径向力　　B. 轴向力　　C. 主切削力

6. 数控机床适用于（　　）生产。
   A. 大型零件　　B. 小型零件
   C. 小批复杂零件　　D. 高精度零件

7. 数控闭环伺服系统的速度反馈装置在（　　）。

A. 伺服电动机上　　B. 伺服电动机主轴上

C. 工作台上　　D. 工作台丝杠上

8. 由于定位基准和设计基准不重合而产生的加工误差，称为（　　）。

A. 基准误差　　B. 位移误差　　C. 不重合误差

9. 砂轮的（　　）是指结合剂黏结磨粒的牢固程度。

A. 强度　　B. 粒度　　C. 硬度

10. 工件自动循环中，若要跳过某一条程序，编程时应在所跳过的程序段前加（　　）。

A. \ 符号　　B. G 指令　　C. /符号　　D. T 指令

11. 定位基准是只用来确定工件在夹具中（　　）位置的。

A. 点、线　　B. 线、面　　C. 点、线、面

12. 工件材料的强度和硬度越高，切削力就（　　）。

A. 越大　　B. 越小　　C. 一般不变

13. 可能有间隙或可能有过盈配合称为（　　）。

A. 间隙　　B. 过渡　　C. 过盈

14. 开合螺母的功用是接通或断开从（　　）传递的运动。

A. 光杠　　B. 主轴　　C. 丝杠

15. 标准麻花钻的顶角一般在（　　）左右。

A. 100°　　B. 118°　　C. 140°

三、判断题（每题 1 分，共 16 分）

1. 数控机床的反向间隙是不能补偿的。（　　）

2. FANUC 系统中，在同一个程序段中，既可以用绝对坐标，又可以用增量坐标。（　　）

3. 成组工艺是一种按光学原理进行生产的工艺方法。（　　）

4. 每当数控装置发出一个指令脉冲信号，就使步进电动机的转子旋转一个固定角度，该角度称为步距角。（　　）

5. 开环控制系统中，工作台位移量与进给指令脉冲的数量成反比。（　　）

6. 伺服机构的性能决定了数控精度和快速性。（　　）

7. 开环控制系统一般适用于经济型数控机床和旧机床数控化改造。（　　）

8. 半闭环控制系统通常在机床的运动部件上直接安装位移测量装置。（　　）

9. 数控钻床和数控冲床都属于轮廓控制机床。（　　）

10. 进入自动加工状态，屏幕上显示的是加工刀具刀尖在编程坐标中的绝对坐标值。（　　）

11. 主轴转速功能字一般用来指定主轴的转速。（　　）

12. 数控车床的进给方式分每分钟进给和每转进给两种。（　　）

13. FANUC 系统中的 G32W-40F2，其中 2 表示螺纹的导程。（　　）

14. 数控机床的滚珠丝杠具有传动效率高、精度高、无爬行的特点。 （ ）

15. 编制数控程序时一般以工件坐标系为依据。 （ ）

16. 数控机床所加工出的轮廓，只与所采用的程序有关，而与所选用的刀具无关。

（ ）

四、名词解释（每题 4 分，共 12 分）

1. DNC：

2. 刀具半径补偿：

3. 硬质合金：

五、简答题（每题 6 分，共 12 分）

1. 列举出四种数控加工专用技术文件。

2. 数控机床的定位精度包括哪些？

六、计算题（共 10 分）

车削直径为 12 mm，全长 1 200 mm 的细长轴（材料为 45 钢）。因为受切削的影响，使工件由原来的 21 °C 上升到 61 °C，求这根轴的热变形量。

（提示：材料的线膨胀系数为 11.5×10^{-6} °C^{-1}。）

数控车床中级工理论（应知）试卷（4）

一、填空题（每空 1 分，共 20 分）

1. 锻件常用的冷却方法有__________、__________ 和_________。
2. 从床头向尾座方向车削的偏刀称为____________偏刀。
3. 加工深孔的主要关键技术是_____________________和_____________________。
4. 平面划线要选择__________个划线基准，立体划线要选择_________个划线基准。
5. 手动增量方式下以毫米为单位×100 代表的单位移动距离为____________。
6. 麻花钻由____________、______________和____________组成。
7. 数控机床常用的位移执行机构的电动机有_____________电动机、______________电动机和___________电动机。
8. 伺服系统是数控机床的执行机构，它包括____________和__________两大部分。
9. 数控装置是由____________、____________、____________等机构。

二、选择题（每题 2 分，共 30 分）

1. 指令 G02 X__Z__R 不用于（　　）加工。
   A. 1/4 圆　B. 1/2 圆　C. 3/4 圆　D. 整圆
2. 当磨钝标准相同，刀具寿命越高，表示刀具磨损（　　）。
   A. 越快　B. 越慢　C. 不变
3. 消耗功率最多，而作用在切削速度方向上的分力是（　　）。
   A. 切向抗力　B. 径向抗力　C. 轴向抗力
4. 对切削抗力影响最大的是（　　）。
   A. 工件材料　B. 切削深度　C. 刀具角度
5. 平衡砂轮一般是对砂轮做（　　）平衡。
   A. 安装　B. 静　C. 动
6. 数控机床在轮廓拐角处产生“欠程”现象，应用（　　）方法控制。
   A. 提高进给速度　B. 修改坐标点　C. 减速或暂停
7. 前角增大，切削力（　　），切削温度（　　）。
   A. 减小　B. 增大　C. 不变
   D. 下降　E. 上升
8. 所谓联机诊断，是指数控计算机中的（　　）。
   A. 远程诊断能力　B. 自诊断能力　C. 脱机诊断能力　D. 通信诊断能力
9. 数控机床进给系统采用齿轮传动副时，应该有消除间隙措施，其消除的是（　　）。
   A. 齿轮轴向间隙　B. 齿顶间隙

C. 齿侧间隙　　　　D. 齿根间隙

10. 车削圆锥面时，若刀尖安装高于或低于构件回转中心，则构件便会产生（　　）误差。

A. 圆度　　　　B. 双曲线

C. 尺寸精度　　　　D. 表面粗糙度

11. 选择刀具起始点时应考虑（　　）。

A. 防止与工件或夹具干涉碰撞　　　　B. 方便刀具安装测量

C. 每把刀具刀尖在起始点重合　　　　D. 必须选在工件外侧

12. 为了改善铸、锻、焊接件的切削性能和消除内应力，细化组织和改善组织的不均匀性，应进行（　　）。

A. 调质　　B. 退火　　C. 正火　　D. 回火

13. 为了提高数控系统的可靠性，可（　　）。

A. 采用单片机　　　　B. 采用 CPU

C. 提高时钟频率　　　　D. 采用光电隔离电路

14. FMS 是指（　　）。

A. 直接数字控制　　　　B. 自动化工厂

C. 柔性制造系统　　　　D. 计算机集成制造系统

15.（　　）主要用于经济型数控机床的进给驱动。

A. 步进电动机　　　　B. 直流伺服电动机

C. 交流伺服电动机　　　　D. 直流进给伺服电动机

三、判断题（每题 1 分，共 16 分）

1. 数控机床既可以自动加工，也可以手动加工。（　　）
2. 在数控机床上对刀，既可以用对刀（镜）仪对刀，也可以用试切法对刀。（　　）
3. 专门为某一工件的某道工序设计的夹具称为通用夹具。（　　）
4. 刀具远离工件的运动方向为坐标的正方向。（　　）
5. 要求限制的自由度没有限制的定位方式称为过定位。（　　）
6. 车床夹具通常设置配重或加工减重孔来达到夹具的平衡。（　　）
7. 同一工件，无论用数控机床加工，还是用普通机床加工，其工序都一样。（　　）
8. 在应用刀具半径补偿过程中，如果缺少刀具补偿号，那么此程序运行时会出现报警。（　　）
9. 自动线、数控车床上宜采用机夹式车刀。（　　）
10. 在数控系统中，F 地址字只能用来表示进给速度。（　　）
11. 数控机床的回转刀架刀位的检测采用角度编码码器。（　　）
12. 车削细长轴时，产生“竹节形”的原因是跟刀架的支承爪压得过紧。（　　）
13. 欠定位决不允许在加工中使用。（　　）
14. 用英制丝杠的车床车削各种规格的普通米制螺纹，都会产生乱扣。（　　）

15. 加工硬化产生的原因主要是由于刀具刃口太钝造成的。 （ ）
16. 驱动装置是数控机床的控制核心装置。 （ ）

四、名词解释（每题 4 分，共 12 分）

1. 步距角：

2. 黏结磨损：

3. 模态代码：

五、简答题（每题 6 分，共 12 分）

1. 滚珠丝杠螺母副有何特点？

2. 常用的数控功能字指令有哪些？并简述其功能。

六、计算题（10 分）

装夹主偏角为 75°，副偏角为 6°的车刀，车刀刀杆中心线与进给方向成 85°，该车刀工作时的主偏角和副偏角各是多少度？

数控车床中级工理论（应知）试卷（5）

一、填空题（每空1分，共15分）

1. 现代数控机床的辅助动作，如刀具的更换和切削液的启停等，是用________________进行控制的。

2. 数控机床刀具选择有______________、______________和______________三种方式。

3. 电火花加工时，工件的被加工表面产生斜度的原因是____________。

4. 常用的硬质合金有___________和___________两类。

5. 用锥度量规检验圆锥孔时，量规显示剂大端被擦去，这说明该锥孔的锥角________。

6. 研磨时常用的磨料是____________和_____________。

7. 基准可分为______________基准和____________基准。

8. 数字化仪属于图形____________设备，显示器属于图形__________设备。

9. 当机床附近有其他强烈振动的机床在工作，则机床会引起___________振动。

二、选择题（每题2分，共30分）

1. 插补运算程序可以实现数控机床的（　　）。

A. 点位控制　　B. 点位直线控制

C. 轮廓控制　　D. 转位换刀控制

2. 数控机床几乎所有的辅助功能都通过（　　）来控制。

A. 继电器　　B. 主计算机　　C. G代码　　D. PLC

3. 编程时设定在工件轮廓上的几何基准点称为（　　）。

A. 机床原点　　B. 工件原点　　C. 机床参考点　　D. 对刀点

4. 在刀库中每把刀具在不同的工序中不能重复使用的选刀方式是（　　）。

A. 顺序选刀　　B. 任意选刀　　C. 软件选刀

5. 高速切削塑性金属材料时，若没有采用适当的断屑措施，则易形成（　　）切屑。

A. 挤裂　　B. 崩碎　　C. 带状

6. 在电火花穿孔加工中，由于放电间隙的存在，工具电极的尺寸应（　　）被加工孔的尺寸。

A. 大于　　B. 等于　　C. 小于

7. 限位开关在电路中起的保护作用是（　　）。

A. 短路开关　　B. 过载保护　　C. 欠压保护　　D. 行程控制

8. 对于配合精度要求较高的圆锥工件，在工厂中一般采用（　　）检验。

A. 圆锥量规涂色　　B. 万能角度尺　　C. 角度样板

9. 闭环进给伺服系统与半闭环进给伺服系统主要区别在于（　　）。

A. 位置控制器　　B. 检测单元　　C. 伺服单元　　D. 控制对象

10. 一般数控车床 X 轴的脉冲当量是 Z 轴脉冲当量的（　　）。

A. 1/2　　B. 相等　　C. 2 倍

11. 车削细长轴外圆时，车刀的主偏角应为（　　）。

A. 90°　　B. 93°　　C. 75°

12. 热继电器在控制电路中起的作用是（　　）。

A. 短路保护　　B. 过载保护　　C. 失压保护　　D. 过电压保护

13. 步进电动机所用的电源是（　　）。

A. 直流电源　　B. 交流电源　　C. 脉冲电源　　D. 数字信号

14. 对于配有设计完善的位置伺服系统的数控机床，其定位精度和加工精度主要取决于（　　）。

A. 机床机械结构的精度　　B. 驱动装置的精度

C. 位置检测元器件的精度　　D. 计算机的运算速度

15. CAM 是指（　　）。

A. 计算机辅助设计　　B. 计算机辅助制造

C. 计算机辅助工艺规划　　D. 计算机集成制造

三、判断题（每题 1 分，共 16 分）

1. 尺寸链中间接保证尺寸的环，称为封闭环。（　　）
2. 普通录音机的磁头也能用于数控机床的检测系统中。（　　）
3. 每一指令脉冲信号使机床移动部件产生的位移量称为脉冲当量。（　　）
4. 全闭环数控系统的测量装置一般为光电脉冲编码器。（　　）
5. 数控机床的坐标系采用右手笛卡儿坐标系，在确定具体坐标时，先定 X 轴，再根据右手法则定 Z 轴。（　　）
6. SIEMENS 和 FANUC 系统编程时，程序中的子程序必须在主程序结束以后建立。（　　）
7. M00 指令属于准备功能字指令，含义是主轴停转。（　　）
8. 加工右旋螺纹，车床主轴必须反转，用 M04 指令。（　　）
9. 进给功能一般是用来指令机床主轴的转速。（　　）
10. 数控机床坐标轴一般采用右手定则来确定。（　　）
11. 数控机床的定位精度和重复定位精度是一个概念。（　　）
12. 加工多头螺纹时，加工完一条螺纹后，加工第二条螺纹的起刀点应和第一螺纹的起刀点相隔一个导程。（　　）
13. 滚珠丝杠虽然传动效率高，精度高，但不能自锁。（　　）
14. 编制数控程序时一般以机床坐标系作为编程依据。（　　）

15. 数控机床加工的加工精度比普通机床高，是因为数控机床的传动链较普通机床的传动链长。（ ）

16. 粗车时，选择切削用量的顺序是：切削速度、进给量、被吃刀量。（ ）

四、名词解释（每题 4 分，共 12 分）

1. 基点和节点：

2. 工件坐标系：

3. 一次逼近误差：

五、简答题（每题 6 分，共 12 分）

1. 试回答普通机床的数控改造应从哪些方面进行？

2. 说明下列 M 代码的功能。

M00　　M02　　M04　　M05

六、计算题（15 分）

直径为 50 mm 的轴，现一次进给车至 40 mm，选用进给量 $f = 1$ mm/r，车刀主偏角 $\kappa_r = 60°$，求切削厚度 a_c、切削层宽度 a_w 和切削层面积 A_c 各为多少？

数控车床中级工理论（应知）试卷（6）

一、填空题（每空 1 分，共 20 分）

1. 数控系统软件中_________程序又称中断服务程序，完成实时控制任务；__________程序又称背景程序，完成无实时要求的任务。

2. 主轴轴承有____________、__________两种。

3. 数控机床的电气控制系统由______________、_____________组成。

4. 数字控制系统的硬件基础是______________。

5. 滚珠丝杠螺母副由__________、__________、__________和回珠器组成。

6. 加工中心进给系统的进给形式有___________和回转进给两种。其中，回转进给又有__________、__________两种。

7. 经济型数控一般多采用__________电动机，伺服________结构，_______位的 CPU（或 MPU），软件插补采用____________插补法。

8. 伺服系统中常有的驱动电动机有____________、____________、____________。

二、选择题（每题 2 分，共 30 分）

1. 同一时间内控制一个坐标方向上的移动的系统是（　　）控制系统。
   A. 点位　　B. 直线　　C. 轮廓　　D. 连续

2. 飞机大梁的直纹扭曲面的加工属于（　　）。
   A. 二轴半联动加工　　B. 三轴联动加工
   C. 四轴联动加工　　D. 五轴联动加工

3. 当刀具前角增大时，切屑容易从前刀面流出，且变形小，因此（　　）。
   A. 切削力增大　　B. 切削力减小　　C. 切削力不变

4. 车刀的副偏角对工件的（　　）有较大影响。
   A. 尺寸精度　　B. 形状精度　　C. 表面粗糙度值

5. 钢件精加工一般用（　　）。
   A. 乳化液　　B. 极压切削液　　C. 切削油

6. 用带有径向前角的螺纹车刀车普通螺纹，磨刀时必须使刀尖角（　　）牙型角。
   A. 大于　　B. 等于　　C. 小于

7. 三角形普通螺纹的牙型角为（　　）。
   A. 30°　　B. 40°　　C. 55°　　D. 60°

8. 产生加工硬化的主要原因是（　　）。
   A. 前角太大　　B. 刀尖圆弧半径大
   C. 工件材料硬　　D. 刃口圆弧半径磨损后增大

9. 车床外露的滑动表面一般采用（　　）润滑。

A. 溅油　　B. 浇油　　C. 油绳

10. 高速车螺纹时，硬质合金车刀刀尖角应（　　）螺纹的牙型角。

A. 小于　　B. 等于　　C 大于

11. 为了保证孔的尺寸精度，铰刀尺寸最好选择在被加工孔公差带（　　）左右。

A. 上面 1/3　　B. 中间 1/3　　C. 下面 1/3

12. 在车床钻孔时，钻孔的孔径偏大的主要原因是钻头的（　　）。

A. 后角太大　　B. 两条主切削刃长度不相等　　C. 横刃太短

13. 切断刀折断的主要原因是（　　）。

A. 刀头宽度太宽　　B. 副偏角和副后角太大　　C. 切削速度低

14. 检验一般精度的圆锥面角度时，常采用（　　）测量。

A. 千分尺　　B. 锥形量规　　C. 万能角度尺

15. 精车时，为了减少工件的表面粗糙度值，车刀的刃倾角应取（　　）值。

A. 正　　B. 负　　C. 零

三、判断题（每题 1 分，共 16 分）

1. 编程坐标系是编程人员在程序中所用的坐标系，其坐标系的建立就与所使用的机床坐标系相一致。（　　）

2. 数控机床的插补过程，实际上是用微小的直线段来逼近曲线的过程。（　　）

3. 用 FANUC 系统编程时，在同一个程序段中，既可以用绝对坐标，又可以用增量坐标。（　　）

4. 检测装置是数控机床必不可少的装置。（　　）

5. 数控机床的伺服系统由伺服驱动和伺服执行两个部分组成。（　　）

6. 为了防止工件变形，夹紧部位要与支承件对应，尽可能不在工件悬空处夹紧。（　　）

7. 数控车床自动刀架的刀位数与其数控系统所允许的刀具数总是一致的。（　　）

8. 为达到更高的精度和表面质量，有色金属在精车后仍需进行磨削加工。（　　）

9. 由于带传动具有弹性且依靠摩擦力来传动，所以工作时存在弹性滑动，不能适用于要求传动比恒定的场合。（　　）

10. 用三爪自定心卡盘夹持工件进行车削，属于完全定位。（　　）

11. 螺纹面上沿牙侧各点的螺纹升角都不相等。（　　）

12. 精加工或半精加工时，希望选取正的刃倾角，使切屑流向待加工表面而不划伤已加工表面。（　　）

13. 用麻花钻扩孔时，由于横刃不参加工作，轴向切削力减少，因此可加大进给量。（　　）

14. 工艺规程制定得是否合理，直接影响工件的加工质量、劳动生产率和经济效益。（　　）

15. 高速钢车刀不仅用于承受冲击较大的场合，也常用于高速切削。 （ ）

16. 车削有色金属和非金属材料时，应选取较低的切削速度。 （ ）

四、名词解释（每题 4 分，共 12 分）

1. 永不指定代码：

2. 重复定位精度：

3. 插补误差：

五、简答题（每题 6 分，共 12 分）

1. 什么是环形分配器？其实现方法有哪些？

2. 为什么要进行刀具补偿？刀具补偿分为哪两种？应用刀具补偿时应注意哪些问题？

六、计算题（10 分）

车削长为 300 mm，车削余量为 6 mm 的工件外圆，选定主轴转速为 500 r/min，进给量为 0.2 mm/r，切削深度为 3 mm，求基本时间 T_j 为多少？

数控车床中级工理论（应知）试卷答案

数控车床中级工理论（应知）试卷（1）答案

一、填空题（每空 1 分，共 20 分）

1. 大小、方向、作用点；2. 钨钴类、钨钛钴类；3. 定位装置、夹紧装置、夹具体、辅助装置；4. 进刀机构强度；5. 点动、连续移动、手摇脉冲发生器移动；6. 金属层厚度；7. 摩擦、润滑；8. 清晰均匀、尺寸；9. 手工、对刀仪

二、选择题（每题 2 分，共 30 分）

1	2	3	4	5	6	7	8	9	10
B	A	A	A	A	C	C	B	B	A
11	12	13	14	15					
A	B	C	B	C					

三、判断题（每题 1 分，共 16 分）

1	2	3	4	5	6	7	8	9	10
√	√	×	×	√	√	√	×	×	√
11	12	13	14	15	16				
√	×	×	×	×	√				

四、名词解释（每题 4 分，共 12 分）

1. 为了建立机床坐标和工件坐标系之间的关系，需要建立“对刀点”。所谓“对刀点”就是用刀具加工零件时，刀具相对工件运动的起点。对刀点既可以选择在工件上，也可以选择在工件外，但基本条件是对刀点必须与零件的定位基准有一定的尺寸关系，这样才能确定机床坐标系与工件坐标系之间的关系。

2. 准备功能（又称为 G 功能、G 指令）用来规定刀具和工件的相对运动轨迹（即指令插补功能）、机床坐标系、坐标平面、刀具补偿、坐标偏移等多种加工操作。

3. 机械加工工艺过程是机械产品生产过程的一部分，是指采用机械加工的方法，直接改变毛坯的形状、尺寸和表面质量等，使其成为零件的过程。

五、简答题（每题 6 分，共 12 分）

1. 答：（1）点位控制系统的特点是只控制移动部件的终点位置，即控制移动部件由一个位置到另一个位置的精确定位，而对它们运动过程中的轨迹没有严格的要求，在位移的定位过程中不进行任何加工。（2）直线控制系统的特点是刀具相对于工件的运动不仅要控制两点之间的准确位置，还要保证两点之间的移动轨迹是一条直线。（3）轮廓控制系统是不仅要控制起点和终点的位置，而且要控制加工过程中每一点的位置和速度。

2. 答：数控机床的特点：高精度、高柔性、高效率，减轻工人的劳动强度，改善劳动条件，有良好的经济效益，有利于生产的管理和现代化。

六、计算题（10 分）

解：$i = 360\times\delta_p/\theta_b\times L_0$

$5/6 = 360\times 0.1/0.36\times L_0$

$L_0 = 12\text{ mm}$

答：滚珠丝杠的螺距应为 12 mm。

数控车床中级工理论（应知）试卷（2）答案

一、填空题（每空1分，共20分）

1. 通用、专用、组合；2. 定位、1/3；3. 定位基准、设计基准、测量基准；4. 气孔、缩孔、砂眼；5. 初期阶段、正常阶段、急剧磨损；6. 增大；7. 好、差；8. 刚性、变形；9. 开环

二、选择题（每题2分，共30分）

1	2	3	4	5	6	7	8	9	10
B	B	A	A	C	A	C、B	B	C	B、C
11	12	13	14	15					
B	A	B	B	D					

三、判断题（每题1分，共16分）

1	2	3	4	5	6	7	8	9	10
√	√	×	×	×	×	×	×	√	×
11	12	13	14	15	16				
√	×	√	√	×	×				

四、名词解释（每题4分，共12分）

1. 闭环控制系统就是对机床的移动部件的位置直接用直线位置传感器进行检测，把实际测出的位置反馈到数控装置中，与输入指令比较是否有差值，然后用这个差值去控制伺服系统，使运动部件按实际需要值运动，从而实现准确定位。

2. 数控车床刀架内有一个刀具参考点，数控系统通过控制该点运动，间接地控制每把刀的刀位点的运动。

3. 脉冲当量是数控系统每发出一个脉冲，使机床移动部件产生的位移量。

五、简答题（每题6分，共12分）

1. 答：（1）滚珠丝杠副进行预紧的目的是消除滚珠丝杠副传动的反向间隙和提高滚珠丝杠副传动的轴向刚度。（2）工作原理："双螺母垫片式"即在两个螺母之间加入垫片把左、右两个螺母撑开，使左、右两个螺母与丝杠的接触方向相反，从而实现滚珠丝杠副的预紧。

2. 答：（1）开机，手动返回参考点，建立机床坐标系。（2）将加工程序输入 CNC 存储器中。（3）将零件装夹到机床上。（4）对加工程序使用到的刀具进行对刀，并输入刀具补偿值。（5）确定工件坐标系。（6）在自动方式下运行程序加工零件。

六、计算题（10分）

解：$i_{12} = z_2/z_1 = 64/21$

$d_1 = mz_1 = 63\ \text{mm}$

$d_2 = mz_2 = 192\ \text{mm}$

$d_{a1} = mz_1 + 2h_a m = (63 + 6)\ \text{mm} = 69\ \text{mm}$

$d_{a2} = mz_2 + 2h_a m = (192 + 6)\ \text{mm} = 198\ \text{mm}$

$d_{f1} = mz_1 - 2(h_a^* + c^*)m = (63 - 7.5)\ \text{mm} = 55.5\ \text{mm}$

$d_{f2} = mz_2 - 2(h_a^* + c^*)m = (192 - 7.5)\ \text{mm} = 184.5\ \text{mm}$

$a = d_1 + d_2 = 255\ \text{mm}$

答：传动比为 64∶21，分度圆直径分别为 63 mm 和 192 mm，齿顶圆直径分别为 69 mm 和 198 mm，齿根圆直径分别为 55.5 mm 和 184.5 mm，中心距为 255 mm。

数控车床中级工理论（应知）试卷（3）答案

一、填空题（每空 1 分，共 20 分）

1. 定位；2. W18Cr4V8；3. 切削深度、进给量、切削速度；4. 待加工、前；5. 冷却、乳化液；6. 乳化液、切削油；7. 主运动、进给运动、进给；8. 中小、复杂、自动化；9. 高；10. 90°；11. 偏离

二、选择题（每题 2 分，共 30 分）

1	2	3	4	5	6	7	8	9	10
D	A	C	C	C	C	C	C	C	C
11	12	13	14	15					
C	A	B	C	B					

三、判断题（每题 1 分，共 16 分）

1	2	3	4	5	6	7	8	9	10
×	√	×	√	×	√	√	×	×	√
11	12	13	14	15	16				
√	√	√	√	√	×				

四、名词解释（每题 4 分，共 12 分）

1. 计算机群控，由 1 台计算机直接管理控制一群数控机床。

2. 自动计算刀具中心轨迹，使其自动偏移零件轮廓一个刀具半径值，这种自动偏移计算即刀具半径补偿。

3. 硬质合金是用硬度和熔点很高的碳化物和金属黏结剂高压压制成型后，再高温烧结而成的粉末冶金制品。

五、简答题（每题 6 分，共 12 分）

1. 答：（1）工序卡。（2）刀具调整单（刀具卡、刀具表）。（3）机床调整单。（4）数控加工程序单。

2. 答（1）伺服定位精度（包括电动机、电路、检测元件）。（2）机械传动精度。（3）几何定位精度（包括主轴回转精度、导轨直线平行度、尺寸精度）。（4）刚度。

六、计算题（共 10 分）

解：$\Delta T = T_2 - T_1 = 61 - 21 = 40$（°C）

$\Delta L = \alpha L \Delta T = 11.5 \times 10^{-6} \times 1\,200 \times 40 = 0.552$（mm）

答：这根轴的热变形量为 0.552 mm。

数控车床中级工理论（应知）试卷（4）答案

一、填空题（每空 1 分，共 20 分）

1. 水冷、空冷、炉冷；2. 反；3. 深孔钻的几何形状、冷却排屑；4. 2、3；5. 0.1 mm；6. 柄部、颈部、工作部分；7. 步进、直流伺服、交流伺服；8. 驱动、执行；9. 输入装置、输出装置、控制运算器

二、选择题（每题 2 分，共 30 分）

1	2	3	4	5	6	7	8	9	10
D	B	A	B	B	C	A、D	B	C	B
11	12	13	14	15					
A	B	D	C	A					

三、判断题（每题 1 分，共 16 分）

1	2	3	4	5	6	7	8	9	10
√	√	×	√	×	√	×	√	√	×
11	12	13	14	15	16				
√	√	√	√	√	×				

四、名词解释（每题 4 分，共 12 分）

1. 每当数控装置发出一个指令脉冲信号，就使步进电动机的转子旋转一个固定角度，该角度称为步距角。

2. 黏结磨损是指工件或切削表面与刀具表面之间在高温下发生黏结，刀具表面微粒带走被而造成的磨损。

3. 模态代码即续效代码，模态代码一经采用，将直到出现同组其他任一代码时才失效。如 G00、G01、G02、G03 为一组，设开始的某程序段采用 G00，而以下程序段并没有 G00，但 G00 依然有效，直到某个程序段出现 G01、G02、G03 之一将其取代而失效。

五、简答题（每题 6 分，共 12 分）

1. 答：（1）传动效率高（85%~98%），运动平稳，寿命高。（2）可以预紧以消除间隙，提高系统的刚度。（3）摩擦角小，不自锁，用于升降时一定要有制动装置。

2. 答：（1）准备功能字：用来指令机床进行加工运动和插补方式的功能，或使机床建立起某种加工方式的指令。（2）尺寸功能字：用来指令机床的刀具运动到达目标点。（3）辅助功能字：控制机床在加工操作时完成一些辅助动作的开关功能。（4）进给功能字：用来指令切削的进给速度。（5）转速功能字：用来指令主轴的转速。（6）刀具功能字：用来指令加工时当前使用刀具的刀具号。

六、计算题（10分）

解：$\kappa_r = 75°$，$\kappa_r' = 6°$

$\phi = 90° - 85° = 5°$

$\kappa_{r1} = \kappa_r - \phi = 75° - 5° = 70°$

$\kappa_{r1}' = \kappa_r' + \phi = 6° + 5° = 11°$

答：工作时主偏角 κ_{r1} 为 70°，副偏角 κ_{r1}' 为 11°。

数控车床中级工理论（应知）试卷（5）答案

一、填空题（每空 1 分，共 15 分）

1. 可编程控制器 PLC；2. 顺序选刀方式、刀具编码方式、刀座编码方式；3. 二次放电；4. 钨钴、钨钛钴；5. 偏小；6. 氧化铝、碳化硅；7. 设计、工艺；8. 输入、输出；9. 强迫

二、选择题（每题 2 分，共 30 分）

1	2	3	4	5	6	7	8	9	10
C	D	B	A	C	C	D	A	B	A
11	12	13	14	15					
A	B	D	C	B					

三、判断题（每题 1 分，共 16 分）

1	2	3	4	5	6	7	8	9	10
√	×	√	×	×	√	×	×	×	√
11	12	13	14	15	16				
×	×	√	×	×	×				

四、名词解释（每题 4 分，共 12 分）

1.（1）构成零件轮廓的不同几何素线的交点或切点称为基点。

（2）当采用不具备非圆曲线插补功能的数控机床加工非圆曲线轮廓时，在加工程序中编制中，常常需要多个直线段或圆弧段去近似地代替非圆曲线，这称为拟合。拟合线段的交点或切点称为节点。

2. 工件坐标系是编程人员在编程时使用的坐标。编程人员为了编程方便，选择工件上的某一已知点为原点，建立一个坐标系，称为工件坐标系（也称编程坐标系）。

3. 一次逼近误差是用近似计算法逼近零件轮廓时产生的误差，如用直线或圆弧去逼近轮廓，用近似方程式去拟合列表曲线等。

五、简答题（每题 6 分，共 12 分）

1. 答：（1）主轴：采用变频器实现变频调速，在尾部同轴安装增量式光电编码器控制螺纹加工。

（2）进给系统：选用步进电动机，选择滚珠丝杠螺母副，安装减速驱动机构。

（3）导轨：将原机床导轨进行修整后贴塑，使其成为贴塑导轨。

（4）添加自动刀架系统。

（5）添加数控系统。

2. 答：（1）M00：程序暂停。

（2）M02：主程序结束。

（3）M04：主轴反转。

（4）M05：主轴停转。

六、计算题（15 分）

解：$D_1 = 50$ mm，$D_2 = 40$ mm，$f = 1$ mm/r，$\kappa_r = 60°$

$a_p = (D_1 - D_2)/2 = 5$ mm

$a_c = f\sin\kappa_r = 1 \times \sin 60° = 0.5$ mm

$a_w = a_p/\sin\kappa_r = 5$ mm$/0.5 = 10$ mm

$A_c = a_c \times a_w = 0.5$ mm $\times$ 10 mm $= 5$ mm^2

答：切削厚度为 0.5 mm、切削宽度为 10 mm、切削面积为 5 mm^2。

数控车床中级工理论（应知）试卷（6）答案

一、填空题（每空 1 分，共 20 分）

1. 前台、后台；2. 滚动轴承、滑动轴承；3. 电力拖动系统、自动控制系统；4. 继电器逻辑电路；5. 滚珠、丝杠、螺母；6. 直线、连续回转、分度回转；7. 步进、开环、18、基准脉冲；8. 步进电动机、交流伺服电动机、直流伺服电动机

二、选择题（每题 2 分，共 30 分）

1	2	3	4	5	6	7	8	9	10
B	C	B	C	B	A	D	D	B	A
11	12	13	14	15					
B	B	B	C	A					

三、判断题（每题 1 分，共 16 分）

1	2	3	4	5	6	7	8	9	10
×	√	√	×	√	√	×	×	√	×
11	12	13	14	15	16				
√	√	√	√	×	×				

四、名词解释（每题 4 分，共 12 分）

1. 永不指定代码是即使将来修订标准也不指定其定义。

2. 重复定位精度是指在同一台数控机床上，应用相同程序、相同代码加工一批工件，所得到连续结果的一致程度。

3. 插补误差是插补加工出的线段如直线、圆弧等与理想线段的误差，它与数控系统的插补功能有关。

五、简答题（每题 6 分，共 12 分）

1. 答：控制电动机绕组通电脉冲循环变化的装置称为环形分配器。可以用硬件（电器板、芯片）或软件实现。

2. 答：为保证加工精度和编程方便，经过译码后得到的数据，不能直接用于插补控制，要通过半径补偿计算，将编程轮廓数据转换成刀具中心轨迹的数据才能用于插补。

刀具补偿分为刀位位置补偿和刀具半径补偿两种。

应用刀具补偿时，应在程序中指明何处进行刀具补偿，指出是进行左刀补还是右刀补，

并指定刀具半径及补偿刀号等。

六、计算题（10分）

解：$T_j = \frac{L}{nf} \cdot \frac{h}{a_p} = \frac{300}{500 \times 0.2} \times \frac{6}{3} = 6$（min）

答：基本时间为 6 min。

参考文献

[1] 乔世民. 机械制造基础[M]. 北京：高等教育出版社，2002.
[2] 于凤丽. 公差配合与技术测量[M]. 北京：机械工业出版社，2007.
[3] 余英亮. 数控加工编程与操作[M]. 北京：高等教育出版社，2004.
[4] 王幼龙. 机械制图[M]. 北京：高等教育出版社，2001.
[5] 刘世荣. 金属学与热处理[M]. 北京：高等教育出版社，1985.
[6] 赵军华. 车工速查手册[M]. 郑州：河南科学技术出版社，2007.
[7] 何力. 朱金仙. 数控加工基础[M]. 成都：四川大学出版社，2012.
[8] 李世维. 机械基础[M]. 北京：高等教育出版社，2001.
[9] 顾京. 数控机床加工程序编制[M]. 北京：机械工业出版社，2003.
[10] 人力资源社会保障部教材办公室. 车工工艺与技能训练[M]. 北京. 中国劳动社会保障出版社，2019.
[11] 人力资源社会保障部教材办公室. 数控车床编程与操作[M]. 北京. 中国劳动社会保障出版社，2019.